— 從零開始讀懂 —

行銷設計

石井　淳蔵、廣田　章光、坂田　隆文——編

陳朕疆——譯

序文

行銷設計

　　我們對「設計」的印象通常是創造出某些形狀、顏色的活動。不過本書書名「行銷設計」中的設計一詞,涵蓋的意義則比顏色、形狀的創造更廣。我們會用「行銷設計」一詞來描述「創造出新的社會、新的消費、新的經驗」的行動。因為行銷設計的目的是在社會中創造出新的活動,所以追求的是強烈的創造性與未來性。

　　要在社會中創造出新的活動,首先要發現新的顧客,再來要與新的顧客共同創造出新的顧客體驗與獲利模式。我們把這些活動統稱做行銷設計。

　　二〇〇〇年以來,隨著網路、社群媒體的登場,全球社會基礎也產生了相當大的變化。然而,日本的超高齡化與人口減少現象越來越顯著,地區間的城鄉差距問題也越來越嚴重。另外,海外新興國家在高速經濟成長的同時,也造成了嚴重的環境、能源問題。做為新時代的經濟成長框架,人們期待用新的行銷方式來解決這些社會課題,然而實行這些行銷方式時,卻需面對變化迅速的環境。本書將會介紹面對環境變化時需要用到的行銷3.0(由科特勒等人提出)與其他行銷框架。

本書定位

　　本書是為了向學習行銷的人介紹新的框架而誕生。「設計」這個用語是為了強調本書的「創造性」，以及本書的焦點「顧客創造」。從社會中些微的變動，發現新的可能性，找出新的市場，是行銷的重要功能之一，而這正是今後社會最需要的事物。

　　與已出版的姊妹書《從零開始讀懂行銷》相同，本書設定為行銷世界的入門教科書。姊妹書《從零開始讀懂行銷》以「顧客滿足」為焦點，本書《從零開始讀懂行銷設計》的焦點則放在「顧客創造」上。對於一開始接觸行銷的人來說，要把焦點放在顧客創造上，還是放在顧客滿足上，常取決於他們活躍於社會中的哪個位置。在書店選擇書籍時，只要依照自己當時碰到的問題，選擇其中一個方向就可以了。另一方面，對於初次學習行銷的學生來說，開課的老師依照課程主題與學生們關心的議題決定行銷課程方向時，不論從哪個方向切入行銷理論，想必都能有不錯的結果。不管是先從顧客創造的角度學習行銷，接著從顧客滿足的角度學習行銷，還是反過來也可以。

　　《從零開始讀懂行銷設計》與《從零開始讀懂行銷》的焦點分別放在顧客創造與顧客滿足，除了這點之外，兩本書還有一項差異。《從零開始讀懂行銷設計》注重的是解決行銷問題的具體方法，《從零開始讀懂行銷》注重的則是理解基本理論。

　　因此，《從零開始讀懂行銷設計》中，會說明在面對第一線的行銷課題時，具體而言該用什麼方式解決。近年來，讀者想看到更多可實踐的行銷活動，也想知道大學中教導的「專題導向學習（Project Based Learning）」該如何應用，我們就是為了回應這樣的

需求而寫下本書。

本書預設可用15堂課講解完畢。不只能做為初次接觸行銷的社會人士、大學生的入門講義，也可做為想重新學習行銷的社會人士，以及高年級大學生學習行銷時的實用戰略講義。另外，在社會大學課程、專案型課程中，也可用本書做為教科書，掌握顧客創造的整體概念，以及發現問題、解決問題的線索。

本書構成

本書可分為3篇，由15章構成。為了方便讀者理解，本書沿用了過去行銷手法的基本框架，說明行銷設計的內容。同時，為了加深讀者的印象，本書也沿用了《從零開始讀懂系列》的做法，在各章內容中提到符合各章主題的例子。

第1篇「顧客創造的設計」中，做為本書核心的第1章，將從杜拉克所說的「社會上未滿足的需要」出發，說明行銷的原點——行銷發想的方法，以及顧客創造與顧客滿足的差異。第2章以後，我們將以行銷發想為前提，用4P框架說明行銷設計的整體概念，並透過雀巢日本的KitKat、雀巢咖啡大使、三得利的Premium Malt's、迅銷（Uniqlo）的Heattech等例子，理解什麼是行銷設計。

第2篇是「關係建構的設計」。第8章會提到數位環境下用以建構關係的平台，網路在行銷上的應用。第9章以後將以數位行銷、需求鏈、品牌再建構、營業活動為主題，介紹GungHo的龍族拼圖、Calbee的洋芋片、MANDOM的GATSBY、可果美的瀨戶內檸檬等例子。

　　第3篇「競爭與共生的設計」中，將以花王的Healthya綠茶、TOYOTA的Prius為例，介紹競爭、共生，以及與顧客共創的行銷設計方法。

　　第15章中，我們會介紹行銷的發展歷史，說明科特勒的行銷3.0概念，並提到數位時代中，企業與顧客、顧客與顧客間需要什樣的行銷設計。

本書的應用

　　為了讓讀者深入瞭解各章介紹的行銷設計方法，我們特別準備了三項內容。首先是專欄，再來是各章的「問題思考」，然後是「進階閱讀」。

　　專欄中會介紹理解各章內容時必要的基礎理論、瞭解各章內容與社會動向關聯的主題文章、與該領域有關的日本代表性企業家、行銷專家。其中，我們希望在瞭解富創造性的企業家、行銷專家的想法後，可以提升各位的學習熱忱，進一步理解該章節內容的應用。讀者也可以用專欄中的資訊為線索，查詢相關文獻，再與朋友們一起討論查到的內容。

　　「問題思考」會準備三個問題，使讀者在①調查、②由調查結果獲得新發現、③運用本章學到的內容思考問題、④思考本章學到的內容能應用在哪些領域（或者不能應用在哪些領域）、⑤思考能應用在自己生活中的哪些領域、⑥思考具體提案（譬如運用理論中會碰到的問題，思考有哪些方法可以對抗案例中的企業），促進讀者對各章內容的理解。這些問題不只能幫助讀者理解正文內容，也

可幫助讀者將這些內容實際應用在現實中，故可做為企業或各大學討論各章主題時的實習教材。

「進階閱讀」則會介紹與該章節內容背後的理論有關的書籍，幫助讀者深入理解本書內容。我們會盡可能選擇較容易取得的書籍。

「問題思考」、「進階閱讀」，以及本書的「參考文獻」都列在碩學舍的網站（日文）上，請多加利用。

以下為網站網址與QR code。

http://www.sekigakusha.com/md/lecture.html

網站中會依章節列出上述內容。本書各章章末也會列出網址與QR code，讀者亦可由此連上網站。

作者代表
石景淳藏、廣田章光、坂田隆文

CONTENTS

第 I 篇　顧客創造的設計

第1章　行銷發想法：新可口可樂與Tide

1. 前言 ....

2. 顧客創造：「我就是想要這樣的商品！」..................................
顧客滿足與顧客創造

3. 消費者的需要與想要

4. 該提升的是產品的價值而非產品的性能
「新可口可樂」的失敗／P&G Tide的「冷水挑戰」活動

5. 結語：行銷設計
專欄1-1 彼得・杜拉克與西奧多・李維特談行銷中的創造性／專欄1-2 創造式應對與機械式應對

第2章　以行銷組合達成顧客創造：雀巢日本 KitKat

1. 前言

2. 「KitKat」與行銷組合
做為日常點心的「KitKat」／與「KitKat」有關的課題／從顧客滿足到顧客創造／定位成應援用媒介品的顧客創造

第3章　以產品達成顧客創造：
　　　Kamoi加工紙株式會社 紙膠帶「mt」

第4章 以價格達成顧客創造：
三得利 Premium Malt's

1. 前言

2. Premium Malt's的價格管理

啤酒的市場狀況／Premium Malt's的發售／「正式場合的啤酒」／「小小正式場合」的小小奢侈

3. 以價格策略達成顧客創造

價格的三個意義／什麼東西會影響價格／價格設定：精品策略與低價策略／價格的維持：與交易企業的關係管理

4. 結語

專欄4-1 實體店面的價格設定：兩種價格設定方式／專欄4-2 價格設定方式

第5章 以通路達成顧客創造：
雀巢日本 雀巢咖啡大使

1. 前言

2. 雀巢日本「雀巢Barista」與「雀巢咖啡大使」

與咖啡有關的問題／職場市場／咖啡產品的通路／雀巢咖啡大使的成果與推廣

3. 通路的建構

建構新通路／解決顧客的問題／顧客創造與建構市場推廣機制

4. 通路管理

持續性價值提供機制／咖啡大使與通路管理

第Ⅱ篇　關係建構的設計

第8章　關係建構：GungHo 龍族拼圖

1. 前言

2. 免費的交易

龍族拼圖的抬頭／從盒裝軟體到線上軟體／引起熱潮後

3. 關係性設計

關係性典範的抬頭／消費財的關係性典範／平台的形成

4. 結語

專欄8-1 劇場消費／專欄8-2 免費增值

第9章　數位行銷：好侍「薑黃之力」

1. 前言

2. 「薑黃之力」的數位行銷

好侍食品公司／顧客創造導向的行銷活動／建構「行動動線」上的接點／智慧型手機的普及與數位行銷的展開

3. 數位行銷的展開

數位行銷的特性：直接與雙向／由「精準定位」形成的關係／由「對話」形成的關係／由「合作」形成的關係

4. 結語

專欄9-1 長尾／專欄9-2 共享經濟

第10章　需求鏈：Calbee 洋芋片

1. 前言

2. Calbee「洋芋片」與庫存管理

「洋芋片」的誕生與產品的問題／提升「洋芋片」魅力的鮮度管理／鮮度管理機制所衍生出的新課題／建構出能在維持鮮度的同時提高獲利能力的機制

3. 存貨的角色與功過

存貨的角色／存貨的功過

4. 庫存管理的設計

延期性庫存管理／投機性庫存管理

5. 結語

專欄1 投機性庫存管理與成本率／專欄2 支撐快時尚產業的延期性庫存管理

第11章　品牌建構：MANDOM GATSBY

1. 前言

2.「GATSBY」品牌的設計策略

男性化妝品市場的開拓／GATSBY品牌的建構／支撐長尾品牌的機制

3. 品牌的建構、維持、強化

做為無形資產的品牌力量／品牌活化策略／內部品牌化

4. 結語

專欄11-1 品牌經驗／專欄11-2 大衛・A・艾克

第12章　營業活動：可果美 瀨戶內檸檬

1. 前言

2. 瀨戶內檸檬協定與可果美的營業活動

東日本大地震與可果美／「瀨戶內檸檬」的開發／「瀨戶內檸檬」的販售

3. 營業活動的設計

營業與販售／營業與「連結力」

4. 結語

專欄12-1 宮地雅典 可果美公司執行董事大阪分店長

第Ⅲ篇　競爭與共生的設計

第13章　行銷的戰略展開：花王 Healthya綠茶

1. 前言

2. 何謂戰略

目標設定／自家公司資源的活用／環境分析／計劃擬定／訂定戰略時的兩個面向

3. 行銷戰略的進化

行銷管理策略／策略性行銷

4. 結語

專欄13-1 佐川幸三郎與商品開發五原則／專欄13-2 SWOT分析

○下方的QR code可連結到各章章末的「問題思考」、「進階閱讀」、「參考文獻」（以上內容皆為日文）。

第1章

第2章

第3章

第4章

第5章

第6章

第7章

第8章

第9章

第10章

第11章

第12章

第13章

第14章

第15章

第 I 篇

顧客創造的設計

第 1 章

第 2 章
第 3 章
第 4 章
第 5 章
第 6 章
第 7 章
第 8 章
第 9 章
第 10 章
第 11 章
第 12 章
第 13 章
第 14 章
第 15 章

第 1 章

行銷發想法
新可口可樂與 Tide

1. 前言

行銷發想是什麼呢？為什麼行銷發想對企業來說很重要呢？回答這些問題，就是第1章的任務。

首先提出這個概念的是彼得・杜拉克（Peter Drucker）。他以管理學領域的開拓先驅著名，同時也比任何人更早指出行銷發想的重要性。為什麼他會有這樣的主張呢？先讓我們來看看這個主張的背景。

2. 顧客創造：「我就是想要這樣的商品！」

關於行銷，杜拉克提出了以下想法。

1. 「顧客創造」是經營組織時需面對的課題。

2. 所謂的顧客創造，指的是滿足社會上「未被滿足的需要」。

3. 顧客創造可以幫助組織成長。同時，當新的需要被滿足時，社會也會進一步發展。於是，社會中人們的生活獲得改良，與新的需要有關的勞工也隨之增加。

4. 在以顧客創造為目標的組織內，行銷負責人（marketer，以下稱行銷人）負責主導顧客創造的相關活動。行銷人可以說是企業成長的總指揮。當然，企業除了行銷之外還有許多業務（生產、技術開發、會計、人事等），不過這些業務都可以視為完善行銷活動的業務。

以上是杜拉克的「行銷定義」，定義中指出了顧客創造的重要性，以及「行銷人」應負責的工作。

但即使看過杜拉克的主張，一般讀者應該也難以明白為什麼顧客創造那麼重要吧。相反的，「組織的目的是滿足組織的顧客」這樣的主張還比較容易理解。如果是企業，就該滿足購買商品的顧客；如果是醫院，就該滿足前來探病的患者；如果是飯店，就該滿足住宿的旅客；如果是餐廳，就該滿足前來用餐的客人；如果是地方政府，就該滿足該地區民眾。那麼，為什麼杜拉克說的卻不是顧客滿足，而是顧客創造呢？

◇顧客滿足與顧客創造

關鍵在於一開始提到的「滿足社會上未被滿足的需要」。

各位有沒有過「對對對，我就是想要這個！」而購買新推出之商品的經驗呢？這就是消費者過去未被滿足的需要獲得滿足的瞬間。就在這個瞬間，消費者會被這個商品深深吸引，進而創造出這個商品的顧客。

那麼具體來說，什麼樣的商品可以創造出顧客呢？事實上，我們的周圍就有不少這樣的商品。

就近期的商品來說，譬如iPhone、可擦除的原子筆就是這類商品。這兩個對我來說都是不可或缺的工具。我常在閱讀的《Number》運動雜誌、今天晨跑時穿的運動鞋、昨天在7-11買的100日圓咖啡、今年冬天買的輕薄衣物、溫暖的貼身衣物、放在鞋底的暖暖包等等，我認為這些最近誕生的商品，都創造出了新的顧客。以前的電視機、隨身聽、個人電腦、複印機、印表機做為新商品誕生時，我們也做為新顧客被創造了出來。

例子要舉舉不完。讓我們產生「對對對，我就是想要這個！」這種想法的商品到處都是。在這些商品誕生時，創造了我們這樣的新顧客，然而於此同時，我們也不再購買另一些商品。

企業會如何看待這種商品的替換呢？沒錯，既然有企業能製作新商品，創出新顧客，就會有企業因此而退出市場。想想看各位現在手上的智慧型手機取代了多少產品，應該就能明白這點了。

其中，智慧型手機在手機市場上的對手，「功能型手機」首當其衝。除此之外，包括數位相機、遊戲機（與遊戲機軟體）、腕表、計步器、計算機、以iPod為首的攜帶型音樂播放器，甚至連常

放在包包內的字典也被手機取代了。智慧型手機的登場也不過六年左右，市場上的上述產品便已消失了大半。

　　企業要是停滯不前的話，就會被逐出市場。為了不被市場淘汰，企業必須持續創造新的顧客。因此，企業得持續傾聽消費者對新商品的需求。然而，瞭解消費者的需求並不是件容易的事。因為當消費者說出想要的商品時，通常只是在描述對目前市場上的商品有哪些不滿。

　　傾聽顧客的不滿並做出適當應對當然也很重要。不過，消除顧客不滿比較像是在「滿足顧客」。許多公司在滿足顧客一事上做得很好，但光是這樣並不夠。如今要是只著重在滿足顧客，很容易被逐出市場。看看努力改良行動電話的Panasonic、Sharp、Sony的現狀應該就能明白了才對。

　　為了不至於被逐出市場，企業必須主動去尋找消費者自己沒有發現的需要，提案的必須是能讓消費者覺得「對對對，我就是想要這個」的商品。換句話說，若僅以顧客滿足為目標，會有落伍的危險。教會我們這點的就是彼得・杜拉克。

3. 消費者的需要與想要

杜拉克說，製作出讓消費者覺得「對對對，我就是想要這個」的商品，就是企業的目的與課題。企業中負責這項工作的人，叫做行銷人。行銷人是企業中負責統籌行銷活動的人。就前面提到的商品來說，iPhone事業的負責人、運動雜誌《Number》的編輯長、可果美蔬果汁的品牌經理、7 premium（日本7-11的精品品牌）的負責人，都是這裡說的行銷人。

找出顧客想要的東西，是行銷人的工作起點。為此，行銷人必須找出消費者表面需求背後所隱含的需求。這裡我們將表面的需求稱作想要（wants），隱含的需求稱作需要（needs）。

區分出需要和想要是很重要的事。西奧多‧李維特相當強調這點。他以四分之一吋的電鑽為例，說明這個道理。四分之一吋的電鑽很受消費者歡迎，賣得很好。於是李維特問道「購買這個電鑽的消費者，真正需要的是什麼呢？」。

因為需要電鑽，所以買了這個電鑽？

真的是這樣嗎？當然不是。買了這個電鑽的消費者，需要的其實是「四分之一吋的電鑽開的洞」不是嗎？開完洞之後，連電鑽本身都會變成佔空間的雜物。

然而，多數企業經營者卻會陷入「消費者買的是這個電鑽，所以消費者需要的是這個電鑽」的迷思。有了這個迷思，企業就會致力於改善這個電鑽的性能。譬如使用更硬、更不會耗損的金屬、耐久性高的馬達，以及更輕的材料，開發出勝過其他廠商產品的「新型電鑽」。接著，為了降低電鑽的價格，致力於提升工廠生產效

專欄 1-1

彼得‧杜拉克與西奧多‧李維特談行銷中的創造性

彼得‧杜拉克（1909-2005）認為，市場並非自然形成，而是我們發揮創意創造出來的。杜拉克的代表作之一《彼得‧杜拉克的管理聖經》（The Practice of Management）中有以下描述。

「市場並非由神明創造或自發生成，而是企業創造出來的。在企業能夠充分滿足顧客的需求之前，顧客可能就已經感覺得到自己需要某些東西。…但這樣的需要一開始可能只存在於想像中，而非現實中存在的需求。直到企業將人們的需要轉變成實際上的需求，創造出第一批顧客，市場才誕生。」

（杜拉克，《彼得‧杜拉克的管理聖經》，1954 年）

這不禁讓人想起為了回應「天氣冷的時候，想要能包覆身體的衣物」這樣的需求而誕生的 Heattech 技術。Uniqlo 將「天氣冷的時候，想要能包覆身體的衣物」這樣的需要，轉變成了實際上的需求，進而創造出了 Heattech 貼身衣物的市場。

市場由公司創造是個再理所當然不過的事實，我們卻忽視了這點。看到市面上的產品時，常會下意識認為他們以前就一直存在於市場。因此，除了行銷之外，杜拉克也同樣強調創新。

希奧多‧李維特（Theodore Levitt，1925-2006）活躍於哈佛商學院行銷研究所的草創時期。本書提到的「行銷短視症（marketing myopia）」論文發表於一九六〇年，在擁有長年歷史的哈佛商業評論（Harvard Business Review）中，這篇論文至今仍是常被購買的暢銷論文之一。其他論問如「服務的工業化」、「全球市場的同質化發展」等論文也相當有名。曾被翻譯成日語的《行銷發想法》、《行銷革新》等書籍，對行銷人來說更是知識的寶庫。

他們兩位都相當重視顧客聲音背後的想法，故也認為行銷人的創意相當重要。可以的話，在各位看到本書的具體案例與「問題思考」的設問時，希望您也能站在行銷的角度想想看「如果是自己的話會怎麼做」。

率，建造最先進的無人工廠以降低成本；或者是為了方便消費者購買產品而拓展新通路，不只在居家工具材料店上架，也在便利商店上架。不論是哪種嘗試，都是為了提高電鑽顧客的滿足度。

　　販賣四分之一吋的「電鑽」時，顧客滿足是一大重點。但這並沒有真正滿足到消費者「想要」背後的「需要」。再強調一次，消費者真正需要的是四分之一吋電鑽挖出來的洞。

　　消費者真正需要的明明是四分之一吋的洞，行銷人卻誤會消費者「需要的是電鑽」。李維特稱其為「行銷短視症」（marketing myopia）。

　　如果連行銷人都像消費者一樣，陷入「行銷短視症」的困境，很有可能會被反噬。在某種與電鑽完全不同，不使用馬達、不使用金屬鑽頭削切的新技術誕生之後（譬如雷射技術），電鑽會馬上失去市場。這就是所謂的技術替代風險。

　　像這種因為技術替代而失去市場的產品多不勝數。前面我們就有提到，智慧型手機的誕生，讓許多商品就此消失在市場上。更早的例子像是，在錄音帶與CD、MD等新的聲音儲存技術誕生後，黑膠唱片製作公司與唱針生產公司陸續消失；在暖氣機普及後，生產火盆的公司陸續消失；在計算機誕生後，算盤陸續消失。即使算盤公司盡力傾聽算盤使用者「想要什麼樣的產品」，在計算機誕生後，市場仍被一口氣搶走！

　　思考「自己正在做的事業是什麼樣的事業」，將這個事業分析清楚，這在本書中稱做「事業的定義」。這並不難，當被問到「你的公司是做什麼樣的事業」時，你的回答就是事業的定義。一般來說，我們會回答自家公司生產的產品與市場。舉例來說，化妝品公

專欄 1-2

創造式應對與機械式應對

　　我們可以把「想要」（wants）想成是顧客會直接說出來的欲求，「需要」（needs）則是這個欲求背後的思慮。這裡我們將應對「想要」的方式稱做機械式應對，應對「需要」的方式稱做創造式應對。名詞聽起來有些複雜，但其實日常生活中隨處可見這些應對方式。

　　舉例來說，想像您的媽媽正因為感冒而躺在床上休息。媽媽一邊咳嗽，一邊對你說「可以幫我去買個感冒藥嗎？」。你會怎麼做呢？是把藥交給媽媽，和她說「藥在這裡」嗎？這就是依照對方說出來的話做出應對的機械式應對。

　　不過，或許你會用別的方式應對。在媽媽這麼詢問你的時候，你可能會回答「你咳得很嚴重耶，要不要我帶你看一下醫生呢？」或者是「一直咳很不舒服吧，要不要幫你拍拍背呢？」。

　　那麼，媽媽會怎麼回應呢？原本媽媽可能是想去看醫生，但看到你課業的樣子，於是決定吃個藥就算了。在聽到你問「要不要我帶你看一下醫生呢？」之後，媽媽大概會回答「好啊，那你能帶我去看個醫生嗎？」。

　　或者，感冒的媽媽看到你沒有任何表示而有些失望，所以才先試探性地和你說「幫我買個藥好嗎？」。聽到你回應「要不要幫你拍拍背呢？」的時候，讓她感到相當欣慰，可能還會對說「放學回來後可以麻煩你再幫我拍拍背嗎？」。

　　不管是哪種情況，都和最先提到的「買藥給媽媽就結束」的結果不同。可見只要多對話幾句，就會得到截然不同的結果。

　　為了回應媽媽言語背後的希望，著手實現更理想的結果，這就是創造式應對。不同的人在相同的狀況下，可能會做出不同的應對，得到不同的結果，這種創造性是機械式應對做不到的。

　　既然是行銷人，就該嘗試創造式應對。因為機械式應對沒辦法讓消費者說出「對對對，我想要的就是這個」。

司的員工就會回答「我的公司（事業）賣的是以年輕女性為客群的化妝品」等等。

回到電鑽的話題。從「事業的定義」的角度來看，如果電鑽生產商定義自己是「製造販賣電鑽的公司」的話，就不大對了。原因很簡單，因為這個定義並沒有對應到消費者的需求。

「有沒有想過，消費者會用這個產品來做什麼呢？」這才是在探詢消費者內心深處的「需要」。而基於這種需要而定義出來的事業，才是理想中的事業。這是我們從前面提到的例子中得到的教訓。

總而言之，事業的目標並不是產品或方法，而是使用該產品的目的，或該產品可實現的功能。用本節的例子來說，就是「消費者需要的並不是四分之一吋的電鑽，而是四分之一吋的洞」。

4. 該提升的是產品的價值而非產品的性能

不管是杜拉克還是李維特，他們關注的重點都不是商品的性能，而是商品的價值。也就是說，「不要只站在企業的角度思考商品的『性能』，也要站在顧客的角度思考商品的『價值』」。但說起來簡單，做起來卻沒那麼容易。企業容易陷入行銷短視症的困境，不知不覺中，焦點會從價值轉移到性能上。

活躍於世界各地的大企業，時常提醒自己不要一味著重於提升產品的性能，而是以能為顧客帶來什麼樣的價值（有什麼功能、能幫顧客達到什麼目的）為公司定位。舉例來說，IBM從很久以前就常說 "IBM means service"，意即「IBM的目的不是販賣電腦，而是服務想買電腦的消費者」。同樣的，全錄（Xerox）也一直強調他們「不是販賣複印機，而是販賣複印服務」。星巴克說自己提供的是「品嘗滿足感的瞬間（Rewarding Everyday Moments）」，而不是說提供「美味的咖啡」（Bedbury《品牌不能只靠知名度》大師輕鬆讀）。不管是哪一家公司，都應把焦點放在顧客的「需要」。不能用商品本身為公司定位，而是要用商品的功能為公司定位。

但光是說明重要性似乎仍不夠具體，以下就讓我們來看看一個因為看輕價值而失敗的實例，以及一個因為追求價值而成功切入新市場的實例。

◇「新可口可樂」的失敗

可口可樂的歷史已超過130年。這段歷史中，可口可樂公司創

造出了任何商品都無法取代的價值。不過在一九八五年時，可口可樂公司打算引入新產品「新可口可樂（New Coke）」，取代原本的「可口可樂」，卻引起了美國可樂愛好者的不滿。在石井淳藏的《品牌：價值的創造（ブランド：価値の創造）》（岩波新書）一書中，有介紹整起事件的經過。

可口可樂公司在開發「新可口可樂」的時候，曾慎重地進行大規模味覺測試。在十九萬名調查對象中，有61%的人回答「新可口可樂比較好喝」。看到這樣的結果，可口可樂的經營團隊自信滿滿地將新可口可樂引入市場。但卻與預料中的結果大相逕庭。他們這樣描述當時的情況。

（三月發售後）不到一個禮拜，公司每天都接到1,000通左右的免付費消費者熱線電話，其中一大半是在抱怨新可口可樂。主流媒體也大肆報導這個像是直擊美國人心臟般的新聞。《華盛頓郵報》揶揄「到了下週，因憤怒而瘋狂的消費者說不定會把拉什莫爾山的西奧多・羅斯福雕像鑿下來」。《底特律自由報》也拿當時可口可樂公司董事長Goizueta對「新可口可樂」的評論「口感更滑順、更柔和、更大膽」來開玩笑的說「那就表示過去的可口可樂味道既粗糙、又暴躁、還很膽小」。《芝加哥論壇報》的專欄作家Bob Greene感嘆從小一起長大的朋友「死亡了」。Greene說「我的生涯一直有可口可樂的陪伴」，還猛批了可口可樂公司「就算現在不喜歡新可口可樂，之後也一定會慢慢喜歡上的」這種自以為是的態度。《新聞週刊》則開門見山地說「可口可樂在消費過去的成功」，還

嘆道「過去的可樂罐中有著美國人的國民性」。（中略）

　　到了五月中，一天約有5,000通電話打進來抗議，可憐的員工們每天都承受著消費者的責罵。（中略）到了六月初，一天的抗議電話甚至高達8,000通，連主流媒體也開始大肆報導這個消息。（中略）不只是電話，可口可樂公司還收到了超過四萬封抗議信件。

　　（馬克・彭德格拉斯特（Mark Pendergrast）《可口可樂帝國的興亡》德間書店，第402頁）

　　當時還有人組織了「Old Cola愛好者協會」，提出集體訴訟，希望將可樂口味恢復原狀，聽起來不可思議吧。可口可樂公司為了消費者著想，開發出了更好喝的新可口可樂，卻被美國國民反對到底。

　　「舊可口可樂」愛好者們執著的究竟是什麼呢？不是「味道」。因為在正式發售前的市場調查中，許多人都回答喜歡「新可口可樂」。在書中詳細介紹了新可口可樂事件的馬克・彭德格拉斯特認為，美國人之所以會透過遊行要求可口可樂公司再次發售過去的「可口可樂」，是因為他們對「可口可樂」有很深的感情。他的說明如下。

　　美國人在人生中的許多重要時刻（第一次約會、勝利或敗北的瞬間、愉快的聚會、孤獨的沉思等等）都有可口可樂的陪伴，可口可樂已成為了美國的象徵性飲料。

（《可口可樂帝國的興亡》第413頁）

美國人對可口可樂有種特殊的喜愛。然而直到可口可樂突然消失時，他們才意識到這點。

這起事件中最讓人印象深刻的是，即使是可口可樂公司這種精於行銷的企業，也可能會錯估消費者的想法與情緒，錯估消費者認為的「價值」，以為只要開發出更好喝的產品就好了，不知不覺中把重點變成了提升產品的「性能（美味程度）」。

相較於此，對於許多美國消費者而言，「要是沒有原本的可樂，自己的生活、經歷、人生就失去了意義」、「就算可口可樂公司的『新可口可樂』比『舊可口可樂』還要好喝，還是沒辦法取代『舊可口可樂』在我心中的地位」。可見原本的可口可樂擁有不可取代的價值。

◇P&G Tide的「冷水挑戰」活動

P&G有一項叫做Tide的洗衣精，在冷水中也可以清洗衣物。美國家庭通常是用溫水洗衣。當然，溫水比較能夠洗下汙垢是用溫水清洗的原因之一，不過主要還是因為大部分家庭的洗衣機原本就設計成用溫水清洗，所以美國人已養成了溫水洗衣的習慣。美國消費者自然知道，用冷水洗衣可以省下將水加熱的電費，但因為溫水洗衣已成習慣，所以不會刻意改成用冷水洗衣。面對擁有這種習慣的美國人，要讓適用冷水洗衣的洗衣精Tide打入市場並不是件容易的

事。

P&G公司為了推廣Tide洗衣精做了很多努力。其中一個項目就是「Tide冷水挑戰」活動〔明神實枝「企業的社會責任」（《從零開始讀懂行銷（第3版）》第15章）〕。

二〇〇五年，P&G公司與「Alliance to Save Energy（以下稱ASE）」合作，推動冷水挑戰活動。ASE是一個以抑制能源消耗為目的的國際環境保護團體，成員包括經濟界、環境保護團體界、消費者團體界的各領導人。ASE會教導消費者如何更有效率地使用能源，舉辦各種抑制能源費用的宣導活動，希望能降低社會整體的能源消耗，以達到保護環境的目標。

冷水洗衣與ASE的目標一致。假設一個家庭用140℉（60℃）的溫水洗衣，每週洗七次，那麼在改成冷水洗衣後，每年可省下63美元的電費、692度電。於是P&G便與ASE在全美各地共同宣導冷水洗衣的優點。這就是冷水挑戰（Tide Cold Water Challenge）活動。

當時的活動還成立了官方網站。在網站上註冊的消費者可以免費獲得冷水洗衣精的試用品，希望能透過網友的推廣，讓更多人參與節約能源運動。

當時的P&G宣示，只要網站註冊人數突破100萬人，就會捐100萬美元給「National Fuel Funds Network（NFFN）」。NFFN會協助將P&G的捐款用於補助各地區低所得家庭的電費、瓦斯費。消費者參與Tide冷水挑戰的同時，可以節約能源，也可以幫助付不起電費的家庭。於是在這個活動開始的三個月後，網站的註冊人數就超過

了100萬。

　　活動本身有很深刻的意義。不過這裡要請各位注意的地方是，P&G發現了消費者不容易發現的Tide的價值。可以在冷水中洗滌衣物，是Tide的特有性能。然而就算再怎麼宣傳這樣的性能，已經習慣溫水洗衣的美國消費者也不會有共鳴。所以P&G將Tide的性能與節約能源、環境保護的價值連結起來，透過這樣的價值訴求，改變了美國消費者承襲已久的習慣。

5. 結語：行銷設計

在本章的最後，讓我們整理一下本書中將會提到的概念，以及書名「行銷設計」的意義。

如同本章一開始所說，行銷發想是公司成長時最需要的發想。我們也提到，區分出消費者的需要與想要，以及產品性能與價值的差別，是相當重要的事。這裡讓我們再說明一次本章的重點。

① 「顧客創造」是企業的目的，而行銷就是負責這個工作的崗位。
② 滿足顧客「想要」背後的「需要」，才能實現顧客創造。
③ 商品除了表面上看得到的「性能」之外，還包括表面上看不到的「價值」。
④ 「行銷發想」的目的，就是找出顧客的「需要」與「價值」。

本書的書名——行銷設計，正是實現這種價值的活動設計工作。讓我們回顧P&G Tide推動的一連串活動，一窺行銷設計的樣貌。

① 將可以用冷水清洗的新型洗衣精（「性能」），與消費者心中的「價值」（包括節約能源在內的環境保護）結合。
② 實行適當的策略，使這種價值能達到顧客創造的目的。與國際性環保團體「Alliance to Save Energy」合作，推動冷水挑戰（Tide Cold Water Challenge）活動企劃，架設網站、提供免費試用品給註冊的網友、推出介紹親友的活動、並宣示「只要註冊人數突破100萬人，就會捐款給NFFN」。

　　將產品的性能與顧客心中的價值連結起來，是行銷設計的第一課題。透過與顧客的交流，將產品的價值傳達給顧客，達到創造顧客的目的，則是行銷設計的第二課題。

　　顧客創造的過程中會碰到各種課題，而本書的書名「行銷設計」，指的就是為了解決這些而設計出來的一連串活動。

❓問題思考

1. 西奧多・李維特說，「美國的鐵路公司之所以會經營不善，是因為把自家公司定義成提供『鐵路』的公司，應該要定義成提供『運送』服務的公司才對」。為什麼他會這麼說呢？

2. 寶礦力水得在日本是與可口可樂同樣常見的飲料。寶礦力水得的「性能」是什麼呢？它又是用了什麼樣的「價值」來吸引消費者呢？請試著思考看看。

3. 「Tide的冷水挑戰」成功為產品性能與新的價值建立起連結，試尋找其他類似案例。

進階閱讀

ピーター・ドラッカー『ドラッカー名著集２・３（現代の経営上・下）』ダイヤモンド社、2006年

石井淳蔵『マーケティングを学ぶ』ちくま新書、2010年

デレク・エーベル『新訳・事業の定義』、碩学舎、2012年

第 2 章

以行銷組合達成顧客創造
雀巢日本 KitKat

1. 前言

顧客創造是企業成長的過程中不可或缺的一項企業活動。顧客創造的方法包括行銷活動與技術創新。這裡讓我們從「設計行銷活動」的角度來思考什麼是顧客創造。

雀巢日本就是一個透過優秀的行銷設計達到顧客創造目標的例子。照片2-1是兩款「KitKat」，一款是一般常見的包裝，另一款則是考試期間限定販售的考生應援包裝。兩種巧克力味道完全一樣，只有包裝不同而已。不過到了考試期間，考生應援包裝的巧克力會賣得特別好。雖然兩者味道完全相同，不過考生應援包裝的巧克力跳出了「KitKat＝巧克力餅乾」的既有印象，創造出新的「考生應援」市場，成功塑造出了一個象徵性的商品。

站在不同角度設計行銷活動，挖掘出商品中消費者感興趣的真正價值，就有可能創造出新的顧客。本章就讓我們透過KitKat的例子，說明企業要如何提供新的價值給目標顧客，才能達到顧客創造的目的，也就是所謂行銷組合（marketing mix）的框架。

【照片 2-1　一般包裝（左）和考生應援包裝（右）】

出處：雀巢日本株式會社
（此為雀巢日本株式會社於2016年所販售之商品）

專欄 2-1

高岡浩三——雀巢日本董事長兼CEO

　　總公司位於瑞士的雀巢（Nestlé Ltd.）是世界上最大的食品公司，年營業額高達 11 兆日圓（二〇一五年）。雀巢日本設立於一九一三年，是日本外資企業的先驅。雀巢日本在二〇一五年的營業額成長率為 4.6%，高於先進國家平均成長率 1.9%。雀巢總公司曾提到「雀巢日本在產品與商業模式兩方面的新創成果，大幅提升了業績」，給予公司雀巢日本相當高的評價。

　　雀巢日本的高岡浩三先生於二〇一〇年時，以日本資深員工的身分就任社長。在少子高齡化的日本社會中，確立了「先進國家模式」的策略。高岡先生的著名策略包括本章提到的 KitKat 考生應援活動、第 5 章中提到的免費咖啡機服務「咖啡大使（Nescafé Ambassador）」等日本特殊商業模式。二〇一四年時，雀巢日本獲得了象徵世界行銷領導者的「Internationalists」，以及由日本行銷協會頒發的「第六屆日本行銷大賞」。

　　高岡先生藉由獨特的經營理念，在日本這個成熟市場中實現了持續性的營收成長與獲利率成長。高岡先生認為「經營就是行銷本身」、「重點在於找出商品的潛在價值，創造出新的商業模式」。在無法靠功能性價值（「美味的巧克力餅乾」）做出差異化的現代，挖掘出顧客追求的潛在價值（「紓解壓力」）變成了產品差異化的重要方法，而 KitKat 就是一個很好的例子。掌握顧客想要的事物，依照顧客的「需要」，做出能展現新生活方式的提案，為顧客帶來新的感動，這可以說是雀巢日本擁有目前地位的重要原因。

2.「KitKat」與行銷組合

KitKat是一九三五年時誕生於英國的長銷商品，至今已有八十年歷史。日本於一九七三年開始販賣KitKat，這種巧克力餅乾一直以來都是顧客喜愛的商品

◇做為日常點心的「KitKat」

巧克力餅乾市場橫跨男女老少，在餅乾市場中佔有很大的份額。市面上有各式各樣的產品，每種產品擁有獨特的風味與口感，以滿足許多喜愛巧克力產品的消費者。有些消費者喜歡偏苦的巧克力，有些喜歡牛奶巧克力，有些則喜歡水果口味或抹茶口味等有特殊風味的巧克力。

一九七三年，KitKat剛在日本發售時，並沒有在日本市場普及。於是，雀巢日本希望能用誕生於英國的文化要素，以及「在威化餅外裹上一層巧克力的巧克力餅乾」這種功能性價值（因商品本身的功能特性而獲得的價值）吸引消費者，與其他公司的產品做出差異化。

另外，雀巢日本起用了當時相當有名的藝人宮澤理惠與中山亞微梨作為代言人，在電視上大打商業廣告，藉此提高消費者的商品認知度。KitKat廣告中一開始就打出「Have a break, have a KITKAT」這個至今仍為人熟知的廣告詞，以期提高商品認知度。

當時的KitKat一口氣增加許多通路，在各大超市上架。雖然KitKat的目標客群是國高中生，不過主要購買的人卻是他們的母親。於是當時的KitKat就被定位成「為了讓剛放學回家的國高中生

有點心吃，他們的母親會先買下一大堆KitKat放在家裡」的商品。

◇與「KitKat」有關的課題

一九八〇年代以後，雀巢日本以KitKat的功能性價值為核心推動的行銷策略大獲成功，在巧克力餅乾市場中獲得了一定程度的認知度。另一方面，各家食品公司的產品也在巧克力餅乾市場中掀起了激烈的競爭，包括江崎固力果的「Pokky」、明治的「蘑菇山」、LOTTE的「派之實」。雀巢日本為了與其他公司的產品做出差異化，訂出了兩種策略，打算從中選擇一種。第一種是策略滿足既有顧客的策略（顧客滿足途徑），另一種是為顧客提供新價值的策略（顧客創造途徑）。

顧客滿足途徑就是滿足既有顧客的「需要」，也就是持續改善產品的味道與口感，提高產品的功能性價值，讓國高中生「想吃美味的巧克力餅乾」這個已表面化的需要（表面需要）獲得更大的滿足。

另一方面，顧客創造途徑的焦點則不是在滿足國高中生既有的需要，而是挖掘出國高中生潛在的需要（潛在需要）。依照他們的潛在需要，設計適當的行銷活動，達到顧客創造的目的。

與致力於提高「KitKat」商品認知度的一九八〇年代不同，這時候其他競爭對手與主力產品已陸續加入市場，消費者已可從許多「美味的巧克力餅乾」中挑選到充分滿足自己「需要」的產品。因此，要從顧客滿足途徑獲得新的顧客，藉此提升營業額，似乎有其極限。

因此雀巢日本採用了顧客創造途徑，開始挖掘顧客對KitKat的潛在需要。他們調查發現，國高中生似乎不是很能理解KitKat基本概念（表現出商品特徵的概念）中的「break」是什麼意思。

歐美人很容易理解「Have a break, have a KIT KAT」的break是雙關語，同時有「啪一聲掰斷巧克力的break」和「休息一下的break」的意思。但對不屬於英語圈的日本人來說，雖然常可在電視上聽到「Have a break, have a KIT KAT」的廣告詞，但很少有日本消費者可以像歐美人一樣，馬上理解到這是一個雙關語。

所以KitKat要面對的課題包括①以追求商品的功能性價值為目的的顧客滿足途徑，吸引新顧客的能力相當有限，以及②消費者並不瞭解商品概念中的「break」是什麼意思。對於歐美的消費者來說，KitKat除了功能性價值之外，廣告詞中的「break」也讓人們有「休息一下」的品牌印象。因此雀巢日本認為，應該要像歐美一樣，為「break」賦予一個新的意義，對顧客做出新的價值提案，才是吸引新顧客加入的關鍵。

◇從顧客滿足到顧客創造

一般來說，調查顧客需要的方法包括問卷調查與集體訪談。這種調查方式適合用來測定顧客的滿足程度，但就KitKat的例子來說，消費者回答問題時容易被既有概念影響，使雀巢日本難以找出消費者的潛在需要。

因此，雀巢日本不採用一般的調查方法，而是注意觀察國高中生的言語行為，瞭解國高中生內心的「break」究竟有什麼樣的意

義。具體來說，他們請國高中生拍下日常生活中「理想的休息與不舒服的休息」，並簡單說明對這些照片的印象（關橋英作《KitKat＝「一定勝利」的行銷方式》Diamond社，2007年）。於是他們發現，國高中生心中的「break」比較接近「沒有壓力，心理放空」，與至今KitKat的產品概念「休息一下」不同。

這項新的發現，成為日本KitKat的產品概念從過去的「break＝休息一下」轉變成「從壓力中解放」的契機，更為貼近國高中生對「break」的印象。

正好在此時，KitKat不知為何在九州超市大賣。經調查發現，「KitKat」的發音和九州腔的「一定勝利」相近。對國高中生來說，最重要的活動就是「考試」，於是想盡可能地消除考試壓力的學生們，就因為它的發音而購買KitKat。

雀巢日本以這個現象為契機，將「KitKat」與「一定勝利」的諧音，以及考生的「願望」結合在一起，成功將KitKat的產品概念連結上「從壓力中解放」。也就是說，這種新的價值讓KitKat的意義從「美味的巧克力餅乾」昇華到了「許願考試順利」的象徵性存在，對國高中生來說有著不可取代的意義。

◇定位成應援用媒介品的顧客創造

在「KitKat」案例的顧客創造型行銷活動中，雀巢日本的目標不只是藉由改良功能性價值提高顧客滿足，更想辦法挖掘出考生「想從考試壓力中解放」的情緒性價值（受人類感情影響而產生的價值），欲藉此創造出新的顧客。而能夠創造出多少顧客，則取決

於實際的行銷活動能夠吸引出多少「想從考試壓力中解放」的潛在顧客。

　　過去的行銷活動往往以電視廣告為核心，希望能藉此提高民眾的認知程度。然而，要在有30秒限制的電視廣告中打動國高中生，傳達產品情緒性價值，並不是件容易的事。

　　這時雀巢日本想到的是「考生應援活動」。在這個活動中，KitKat不只是一個巧克力商品，更是被塑造成為考生加油的「媒介」。於是，KitKat便確立了在考生應援產品中的象徵性意義。

　　首先，KitKat與考生常投宿的旅館合作（譯註：日本的著名大學甚至高中通常都有各校招考的階段，考生需親自到學校應考）。旅館櫃檯人員一句「考試加油」，並雙手奉上KitKat產品給考生，使KitKat成為旅館為考生加油的媒介，扮演著重要角色（照片2-2）。

　　接著，KitKat也與公共交通機構合作，在車內張貼廣告海報，並推出有櫻花圖樣及KitKat logo的電車，同樣以加油媒介的形式為大考季節的考生加油（照片2-2）。

　　另外，KitKat也推出特別企劃，邀請175R與木村KAELA等著名藝人做為高中畢業典禮的特別嘉賓登場，還將影片上傳至自家的影片網站，同時與這些特別嘉賓合作推出新歌CD。於是，KitKat便確立了「為考生加油的媒體」之地位。

　　接著，KitKat還和日本郵政共同推出「Kit郵件」企劃，顧客可在KitKat的包裝寫上應援訊息寄給考生。這項企畫的成功讓更多人加深了KitKat是應援媒介的印象（照片2-2）。

　　就這樣，KitKat陸續推出、執行各式各樣的考生應援活動企

【照片 2-2　考生應援活動】

出處：雀巢日本株式會社
（此為雀巢日本株式會社於2016年所販售之商品）

劃，打破消費者過去「KitKat＝巧克力餅乾」的既定印象，成功將自己定位成考生應援媒介品，創造出新的顧客。

　　綜上所述，雀巢日本之所以能確立新的「KitKat」價值觀，是因為大膽捨棄了過去提高功能性價值、提升顧客滿足的手法，挖掘出國高中生「想從壓力中解放」的潛在需要。雀巢日本以國高中生時常會出現的「考試壓力」為挖掘情緒性價值的起點，希望能藉此達到顧客創造的目的。而在煽動情緒性價值時，還會加上「櫻花一定會開的喔！」（譯註：「櫻花開花」在日本為上榜的隱喻；反之，落榜為「櫻花花謝」）的訊息，這讓KitKat搖身一變，成為了考生面對壓力時的護身符。

3. 以行銷組合達成顧客創造

　　以下讓我們複習一次「KitKat」的案例，並從行銷組合（marketing mix）的角度來分析。

　　行銷組合是用來分析產品能為目標顧客提供什麼價值的行銷理論。行銷組合理論中，分成產品（product）、價格（price）、流通（place）、推廣（promotion）等四個方面，常取其首字母稱做「4P」。

◇產品（product）

　　產品指的是企業提供給目標顧客的商品或服務。顧客是否會購買商品，主要取決於「這個產品能夠滿足顧客什麼樣的需要」。

　　舉例來說，「KitKat」的價值包括「威化餅巧克力」、「爽脆的口感」等功能性價值，以及「休息一下」、「從壓力中解放」等情緒性價值。產品所提供價值的差異，也反映著行銷時目標顧客的需要差異。

　　這裡我們假設顧客重視的是產品在「日常生活中的用途」與「商品價值」。依照這個假設，可將日常生活的用途「侷限（日常食用）vs. 廣泛（考試、贈送）」設為縱軸，將商品價值「功能性價值vs. 情緒性價值」設為橫軸，然後將「KitKat」與其他競爭產品一一列於圖中適當位置，如圖2-1所示。

　　用於贈送的精品巧克力在日常生活中的用途較廣泛，它們的滋味相當有高級感，價格也很昂貴，GODIVA就屬於這類巧克力，位於圖中的左上區域。另一方面，從日常壓力中解放、放鬆身心的代

【圖 2-1 巧克力餅乾的顧客需要差異】

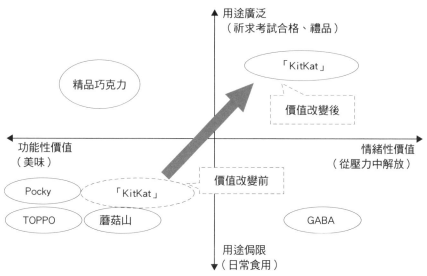

出處：作者製作

表性商品則包括固力果的GABA等，位於圖中的右下區域。

在過去的社會認知中，KitKat是提供功能性價值的「日常點心」，應位於表中的左下。左下也包含了其他競爭公司的主力產品，如Pocky、TOPPO、蘑菇山等，競爭相當激烈。位於這個分類的KitKat若只提供功能性價值，便很難與其他競爭公司的產品做出差異化。於是，KitKat努力將用途從「日常食用」擴展到「祈求考試合格」，為考生提供「從考試壓力中解放」這樣的情緒性價值，創造出「具體化的加油媒介」，成功確立了位於圖中右上的新地位。

◇價格（price）

　　價格指的是顧客獲得產品時所支付的對價。與「產品」及「流通」不同，「價格」會立即反映市場的變化。廠商必須善用價格的這個特徵，依照產品特性、目標客群屬性（年齡、性別等）、購買機會、市場變化等因素，隨時調整成適當的價格。

　　一般來說，要在市場上推出精品化的商品，與普通商品做出差異化時，通常會設定比較高的價格，塑造出該商品的精品感，在消費者心中留下深刻印象。不過在KitKat的案例中，考生應援用包裝與一般包裝的價格完全相同。在過去的經營下，KitKat已成為許多消費者喜愛的日常點心，屬於長銷商品。因此在顧客的潛意識中，已為KitKat設定一個適當價格。面對這樣的顧客，要讓他們為了「考試」而購買新包裝的產品時，與其設定較高的價格塑造出精品感，不如用顧客熟悉的價格販賣，比較能夠讓顧客做出購買行動。

◇通路（place）

　　通路指的是產品抵達顧客手上的途徑，或者是能與顧客直接交流的接觸點。設計商品的通路時，必須考慮到目標顧客的屬性、可提供給顧客的價值有什麼樣的特徵（功能性價值或情緒性價值等）。

　　就KitKat而言，過去主要的通路是國高中生的母親在超市購買KitKat，不過在KitKat成為考試護身符之後，為了配合國高中生的生活型態，便利商店通路漸受雀巢日本的重視。

　　另外，雀巢日本與旅館的合作活動中，旅館櫃檯人員會將做為

專欄 2-2

STP〔市場區隔（S）、目標市場選擇（T）、市場定位（P）〕

市場上每位消費者的「需要」各不相同。受限於經營資源與成本限制，企業不可能滿足每個消費者的需要。若向所有消費者販賣同樣的商品，並用同樣的方法行銷，對企業來說應該是最有效率的方法，但在這個消費者的「需要」十分多樣的市場環境下，這絕對不是一個適當的行銷方式。

以下介紹的 STP，就是一種設法在有限的經營資源下，有效率地提高顧客滿足程度的行銷方式。STP 是市場區隔（Segmentation）、目標市場選擇（Targeting）、市場定位（Positioning）的首字母組合。

首先，企業須從各個角度切入，將消費者分類成多個群體。這個過程就叫做「市場區隔」。分類方式有很多種，代表性的方式包括性別、年齡、居住區域、嗜好、使用時機等。

將市場區隔成多個群體後，企業需從中選擇最能發揮自身所長的市場，這個過程叫做「目標市場選擇」，也可理解成縮小市場的範圍。

最後，面對已縮小範圍的顧客，企業必須決定要提供什麼樣的價值給這些顧客，並與其他競爭公司的產品做出差異化。換句話說，企業必須讓顧客在選購的時候，確實理解到自家公司的產品哪裡好、與競爭對手的產品哪裡不同。這就是市場定位。

以 KitKat 為例，首先雀巢日本以年齡、性別、對味道的偏好為基準進行市場區隔（S）。接著從區隔後的市場挑選出「喜歡爽脆口感的國高中生」為目標市場（T）。然後，在進入市場時，用 KitKat 誕生地——英國的文化要素，以及裏著巧克力的威化餅商品等功能性價值來吸引消費者，獲得了獨特的市場地位（S），順利與其他公司的產品做出差異化。

第2章

加油媒介的KitKat親手交給投宿的考生，這也增加了產品與考生的接觸點。再來，相關的微電影在網站上架，讓消費者親身感受到KitKat的「break」概念。雀巢日本與日本郵政合作推出的Kit郵件，讓顧客可在KitKat的包裝寫上應援訊息寄給考生，又讓雀巢日本獲得了更多與顧客的接觸點。這種緻密的通路策略，使KitKat成功確立了它「考生應援產品象徵」的品牌形象。

◇推廣（promotion）

推廣活動指的是將自家產品的價值傳遞給顧客，促進顧客購買產品的活動。

KitKat的案例中，在讓顧客瞭解到KitKat的功能性價值時期，電視廣告是相當有效的推廣方法。不過，當雀巢日本開始想用KitKat的情緒性價值來吸引顧客時，就必須用其他交流方式，喚起國高中生的情緒，才能有效推廣商品。具體來說，雀巢日本想要喚起國高中生「想從考試壓力中解放」的情緒，故試著從各式各樣的媒體，發送多樣化的資訊給做為考試主角的國高中生。比方說與旅館及公共交通機構舉辦合作活動，或者舉辦快閃音樂會。而且，新聞多會報導這些活動，可產生與主流媒體廣告截然不同的推廣效果，最後也確實大為成功。

◇以行銷組合設計達成顧客創造

從「KitKat」的案例中我們瞭解到，透過行銷組合達成的顧客創造，會隨著市場環境的變化而跟著改變。

在追求功能性價值的時期，行銷組合包括「能滿足小孩的外顯需要——爽脆口感的產品（product）」、「便宜的價格（price）」、「在方便家長前往的超市販賣（place）」、「為了提高『KitKat』的認知度而花大錢購買電視廣告（promotion）」等4P。

當只靠功能性價值難以與競爭的產品做出差異化時，就必須挖掘出顧客的潛在需要，建構出新的行銷組合（4P），「製造出可提供新的情緒性價值——讓考生重壓力中解放（考生應援）的產品（product）」、「為產品賦予新的意義，卻沒有改變價格（price）」、「從多樣化的接觸點為顧客提供新的價值（place）」、「並舉辦能夠喚起國高中生情緒的考生應援活動（promotion）」，達到顧客創造（創造出「考生應援」的市場）的目的。

第2章

4. 結語

本章透過「KitKat」的案例,學習如何以行銷組合(4P)進行顧客創造。具體來說,所謂的行銷組合,指的是面對目標顧客時,用什麼樣的價格、流通方式、推廣方式,提供什麼樣的產品(擁有什麼樣的價值的產品)的框架。

行銷組合(4P)的四個項目彼此密不可分,因此企業必須持續注意各項目間的整合情況,才能設計出適合目標客群的行銷活動。

企業也必須隨時注意產品對於顧客的意義與價值,並隨著市場的改變調整做法。也就是說,企業必須擁有掌握市場變化的敏感度,隨時能從新的角度來調整行銷組合的做法,挖掘出顧客的潛在需要,才能達成新的顧客創造。

❓問題思考

1. 試舉出「KitKat」讓你獲得的體驗。其中，有哪些是其他巧克力餅乾所做不到的？試思考其理由。

2. 試舉出一個近年來你所關心的熱銷商品，並思考該企業如何運用行銷組合（4P）來行銷這個商品。

3. 試思考過去的商品中，有哪些商品像「KitKat」一樣，運用新的行銷組合（4P）達到顧客創造的目的？

進階閱讀

石井淳蔵『マーケティングを学ぶ』ちくま新書、2010年

フィリップ・コトラー、ゲアリー・アームストロング『コトラーのマーケティング入門』丸善出版、2014年

參考文獻

関橋英作『チーム・キットカットのきっと勝つマーケティング』ダイヤモンド社、2007年

高岡浩三『ゲームのルールを変えろ―ネスレ日本トップが明かす新・日本的経営』ダイヤモンド社、2013年

第 2 章

第3章

以產品達成顧客創造
Kamoi 加工紙株式會社
紙膠帶「mt」

1. 前言

在消費財市場內，新開發、發售的產品日益增加，競爭也越來越激烈。而且近年來也陸續出現由企業與最終消費者共同參與的產品開發案例。譬如Uniqlo與東麗共同開發的纖維材料品牌「Heattech」；便利商店也活用社群媒體募集消費者的意見，或者運用其投票功能，決定飯糰包的餡料。

本章將介紹企業的行銷活動中，如何透過新產品的開發達到顧客創造。而在實現新的顧客創造時，如何讓使用者積極參與。我們將以Kamoi加工紙株式會社（以下簡稱Kamoi加工紙）所販賣、以女性為核心客群的文具或裝飾用膠帶——「mt」紙膠帶——為例，說明產品開發過程中的顧客創造。

2. Kamoi加工紙「mt」的產品開發

◇紙膠帶市場與Kamoi加工紙的碰到的問題

　　「紙膠帶」是由薄紙製成的弱黏性膠帶，能用手輕易撕下。這種膠帶由美國廠商開發，貼上時能與物體緊密貼合，撕下時卻不會留下殘膠，原本用於汽車保養時的「遮蔽作業（masking）」。後來日本的汽車產業也開始使用，還有廠商用和紙為材料開發新的紙膠帶，用在塗裝以外的地方，譬如填充建築工地內多個隔板間的縫隙。這時的使用者多為汽車塗裝或建築工人，會在現場貼上、撕下大量膠帶。

　　以和紙為材料製造紙膠帶的Kamoi加工紙（資本額2,400萬日圓，員工230名）於一九二三年在岡山縣創業，當時的公司名稱是「Kamoi黏蠅紙製造所」，是一間開發、販售黏著劑相關產品的企業。Kamoi加工紙依照用途的不同（防水用、車輛塗裝用、建築外部裝潢用、建築內部裝潢用等）製造不同厚度、不同黏度、不同強度、不同延展性等共500種以上的紙膠帶。Kamoi加工紙內負責開發產品的工程師會與業務員一起戴上安全帽到建築施工現場、塗裝現場，聽取師傅等使用者的反應與意見，並觀察現場的需要，再以此做為產品改良的基準。結果在一九八一年時，在日東電工、住友3M、日絆（Nichiban）等大型企業夾殺下，Kamoi加工紙仍以「No.3303」這項王牌產品在紙膠帶市場中獲得了70%的市佔率。

　　不過，隨著噴霧式殺蟲劑的普及，Kamoi加工紙創業期間的主力商品——緞帶型「黏蠅紙」的銷售額在一九六五年後急速下滑，進入產品生命週期的衰退期。產業用的紙膠帶雖然可以帶來穩定的

營業額，但這已是成熟市場，成長難以持續。因此，開發新的市場以獲得新的成長動力，成了Kamoi加工紙迫在眉睫的工作。

◇與目標市場以外的新使用者相遇

在二〇〇六年的夏天，三名女性寄來一封信，希望能參觀紙膠帶工廠，不過她們並不是前面提到的各種師傅，自然不是Kamoi加工紙原本的目標顧客。不過，自詡為紙膠帶「狂熱粉絲」的她們會自製小書於咖啡店販賣，介紹自己眼中的紙膠帶魅力與用途。這次她們就是為了取材而申請參觀工廠。

面對這個唐突的申請，Kamoi加工紙公司內部也感到相當困惑。對於每天要大量使用紙膠帶的師傅來說，重要的是「在戶外或惡劣環境下不容易剝落，但需要的時候可以輕鬆撕下，不會損及黏貼面的膠帶」，以及「可以單手撕斷，也可以拉出很長一段而不會斷掉的膠帶」。前者可藉由調整接著劑黏度與種類實現，後者則可藉由輕薄的和紙材料實現。製造商也是以強度與黏著力等功能性價值為焦點，開發、改良出顧客需要的產品。不過這三名女性說，紙膠帶的魅力在於多樣的「顏色」與和紙的「風格」等情緒性價值。確實，各家公司發售的紙膠帶都會依照用途而區分成不同顏色。汽車塗裝用的膠帶是黃色，防水膠帶是藍色，各廠商或各品項之間還有些微的色調差異。另外，因為這些膠帶都是用輕薄的和紙為材料製成，所以有一定透光性，隱約可以看到膠帶內的纖維。將膠帶重疊黏貼時，可以看得到底下膠帶的顏色。許多女性被不同組合的膠帶所形成的多種色調深深吸引，蒐集了各家廠商的膠帶，用於信

封、卡片的裝飾、包裝、拼貼畫等地方，和原本的用途完全不同。她們還將各家廠商所生產的各色膠帶做為文具，放在咖啡廳的一角販賣。

在收到郵件之後，Kamoi加工紙還收到了一本手製小書，裡面有一頁是使用同色系23色膠帶貼成的美麗漸層。Kamoi加工紙在看到這個作品後，才瞭解到自家產品在一般消費者的手上有著完全不同的用途，於是開始正視過去沒有意識到的膠帶的情緒性價值。

◇新品牌「mt」的開發與販賣

到工廠參觀的女性粉絲們對當時負責介紹工廠的業務人員谷口先生，以及負責公關工作的高塚先生說「想在咖啡店內販賣原創的紙膠帶」。不過當時她們想訂製的數量並沒有達到工業用膠帶的最小生產單位，這個計畫因此作罷。不過數個月後，谷口先生確實瞭解到紙膠帶有一定數量的年輕女性粉絲，於是詢問三位粉絲「如果Kamoi加工紙要發售二十色紙膠帶的話，希望看到什麼樣的顏色？」。這就是「mt」這個品牌與新產品開發計畫的起點。

負責接待三位粉絲參觀工廠的谷口先生與高塚先生，再加上負責製造工作的年輕員工逸見先生組成了計畫團隊。他們與三位粉絲持續保持聯絡，討論以一般消費者為目標客群，且適合mt這個品牌的產品規格與通路。除了顏色以外，新產品的規格和過去廣受歡迎的既有工業用膠帶相同。然而，過去Kamoi加工紙並沒有面向一般消費者的販售通路，於是谷口先生基於三位粉絲的使用行動，決定在服裝店、文具店、書店、量販店開拓新的通路。另外，三位粉絲

中有一位是美術設計師,她建議可以在不同的賣場提供不一樣的包裝設計。接著在經營咖啡店的粉絲的協助下,在二〇〇七年十一月的正式發售前,先於咖啡店內試賣,並依照顧客的反應,訂出零售價格為一個180日圓。而且,為促進產品使用上的自由,Kamoi加工紙大膽地不寫出「建議使用方式」。

mt產品開始發售後,以二十五歲到四十歲之間的女性為核心,獲得了許多消費者的好評。Kamoi沒有買任何廣告,不過購買的消費者各自發揮創意,拍下他們如何使用紙膠帶,以及製作出來的作品,然後上傳到部落格與其他社群媒體,使mt的存在與魅力瞬間擴散至其他消費者與通路事業。mt在二〇一四年度的營業額成長至15億日圓,已是Kamoi加工紙新的事業支柱。

◇與多種合作夥伴進行顧客創造

mt發售後,就連開發者自己都沒有想到這些紙膠帶的使用會變得那麼普及,而且在消費者的創意下,紙膠帶的用途還越來越多樣化。谷口先生說「擁有Idea的不是我們,所以我們會專注在吸收來自外部的Idea,思考如何將其製作成新商品」。就像他說的一樣,Kamoi加工紙同時透過線上與線下管道廣納各方意見,持續與使用者對話。公司網站除了有公司的公告資訊之外,也會介紹使用者開發出來的mt應用。另外,為了將品牌概念傳達給消費者,公司自二〇〇九年起在日本各地舉辦「mt ex展」,讓使用者可以提案新的產品或實驗性的使用方法;而在公司舉辦的工作坊「mt school」中,會介紹紙膠帶的各種應用,每年都有大量紙膠帶粉絲前來參

專欄 3-1

產品生命週期來到成熟期時的重新定位

以產品創造新顧客時，不是開發、販售這些產品之後就結束了。相反的，進入市場後的管理，會決定這些產品可提供的價值，以及這個市場可以延續多久。產品從開始販賣到退出市場的過程，就像生物的一生一樣，稱做產品生命週期。產品生命週期可分為「導入期」、「成長期」、「成熟期」、「衰退期」等四個時期，不同時期都有對應的管理方式（圖 3-1）。「導入期」是產品進入市場的階段，營業額相當小，獲利幾乎為零，甚至是負數。「成長期」中，產品快速滲透市場，營業額與獲利大幅提升。進入「成熟期」後，幾乎所有潛在買家都已購買產品，使營業額的上升速度減緩，獲利則維持穩定，或者因為競爭者的加入而減少。踏入「衰退期」時，營業額與獲利都會大幅降低。

不過，即使某種產品的市場成長趨緩，進入成熟期，也不表示它一定會進入衰退。若此時能重新定義適當的 STP，重新管理產品的行

【圖 3-1　產品的生命週期】

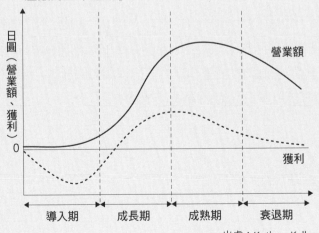

出處：Kotler、Keller（2008）

銷工作，就有可能維持市場佔有率，甚至增加獲利。就像 mt 一樣，以新的顧客為目標，製造能提供新價值的產品，重新定義產品，就可以再次迎來成長期。進入成熟期後，產品行銷戰略需做出一定修正，包括擴大使用者數以提升成熟產品之營業額的「市場修正」，改良品質、特徵、風格以提升營業額的「產品修正」，以及修正產品以外的要素，如價格、通路、廣告、促銷手法、當面銷售、服務等，藉此提高營業額的「行銷組合修正」等三種修正方式。mt 的成功，可以說是這些戰略修正方式的組合所得到的結果。

加。有時候，粉絲提出的Idea還會成為開發新產品的契機。譬如有些粉絲想用紙膠帶來裝飾牆壁，於是像壁紙般大面積的紙膠帶「mt CASA」就此誕生，營業額也持續上升。

　　近年來，Kamoi加工紙還在一般消費者想像不到的地方與多個領域的公司合作。譬如和明治製菓合作，推出情人節手工巧克力的包裝服務；和MISAWA HOME合作，推出居家裝飾用的紙膠帶，用在退租時有義務回復原狀的租賃住宅；和UNIQLO GINZA合作，推出聯名T恤與主題店內裝飾等等。就這樣，Kamoi加工紙與使用者的對話層面越來越廣，mt的價值也逐漸提升。

3. 以產品達成顧客創造

前面我們提到，原本以建築、塗裝現場的師傅為目標客群的紙膠帶市場已進入成熟期，於是Kamoi加工紙便將焦點轉向不同於過去目標客群的使用者以及新的用途，透過與來訪粉絲的對話，挖掘出文具、裝飾用途這個成長性高的紙膠帶市場。這個案例中，顧客創造的要素大致上可以分成四點。

◇有顧客開始使用，產品才開始有價值

首先，產品的價值並非一開始就存在於產品本身，只有當使用者依照自己的需要使用他們時，產品的價值才得以實現。因此，即使是同樣的產品，若不同使用者因不同的需要使用它們，可能會對產品做出截然不同的評價，使產品擁有多元價值。以紙膠帶為例，在工地現場作業的師父重視的「容易黏貼與撕下」的功能性價值，為了實現這樣的價值，紙膠帶必須有適當的強度與黏著力；另一方面，對於想用色彩繽紛的紙膠帶來裝飾物品的使用者來說，紙膠帶色彩與風格的多樣性等情緒性價值則顯得特別重要。所以企業必須基於目標使用者的需要，用適當方法展現產品的魅力，以吸引目標使用者。但在此同時，使用者也可能會自行開發出企業方想不到的用途與價值。在既有市場進入成熟期時，這讓企業有重新定義產品價值的機會，企業需牢記這點。

　　mt產品除了擁有「可以用手撕開」、「貼上後可輕易撕下」等過去就有的功能性價值外，還多了「可以在膠帶上寫字」的新功能，以及「和紙的透明感」、「顏色的魅力」等情緒性價值，重新定義了紙膠帶的新價值。而且，Kamoi加工紙還大膽地決定不要預設這些紙膠帶的功能，因此直到今日，使用者們仍持續創造出紙膠帶新的產品價值。

◇顧客是價值共創的夥伴

　　傳統上，負責製造產品的企業，也負責創造產品的價值。但事實上，不少案例中，使用者在價值創造過程中也扮演著重要角色，就像我們在mt案例中看到的情況。這種藉由與企業以外的利益關係人（包括使用者）合作來創造新價值的過程，就稱做「價值共創」。即使這些使用者沒有直接參與產品開發過程，在他們「使用」產品的同時，也能間接成為價值的共創者，有助於提升企業的成長性與獲利性。對於參與價值共創的使用者來說，高度參與產品或品牌共創的經驗本身就有很高的價值，可成為他們參與共創的誘因，所以企業必須用不同於公司組織管理的方式來管理這些共創計畫。在mt的案例中，直接參與開發過程的三名女性並沒有要求任何金錢酬勞，除了包裝設計費之外，Kamoi加工紙並沒有支付任何對價，卻也因此，做為使用者的這三名女性可以站在與公司對等的立場，盡情提出意見而不需妥協。就結果來說，這也是新產品開發成功的原因。

◇為實現新價值，組織運作模式也需跟著改變

　　當組織想努力實現新的價值時，價值越是新穎，就需要越新穎的相關知識與流程管理，對組織來說也越是困難。為了販售mt的產品，Kamoi加工紙需要去開拓面向一般消者的販售通路，也必須改變生產流程。mt的紙膠帶產品需在和紙表面印上二十種顏色的墨水，並進行少量生產。這是Kamoi加工紙公司首次在生產線上追加和紙印刷工程。為了實現使用者要求的顏色與風格，紙膠帶需在生產線上多次印刷，每次印刷一種顏色，最後才能完成共二十色的紙膠帶。另外，因為mt產品需要多樣少量生產，故沒辦法像工業用膠帶那樣使用自動化的剪裁、包裝工程，必須由員工手工作業，企劃人員只好拜託製造現場中的工作人員幫忙。另外，因為mt產品與過去的紙膠帶市場完全不同，故難以預測市場規模。在營業額的預測上，公司內部一開始也是半信半疑。不過在小規模且自律性高的企劃團隊有條不紊的說明mt這個新產品、公司的強項（以和紙為材料的紙膠帶製作）與面對的課題（需開拓成長性高的市場）之後，終於說服了公司內部，開始投入新產品的製造。

專欄 3-2

使用者創新

像 mt 案例這樣，不是由企業，而是由使用者主導新創工作的現象，稱做「使用者創新」。麻省理工學院（MIT）的馮・希貝爾（Eric von Hippel）教授認為，設計新的產品、服務時，需瞭解「顧客的需要與使用狀況」以及「解決方案」這兩種資訊，不過這兩種資訊從誕生的場域傳播到其他場域時，需花費一定成本，這又叫做「資訊黏著性」假說。就與「需要」相關的資訊而言，使用者比製造廠商瞭解得更為詳細。事實上，也有許多案例是使用者比企業更早投入新產品的開發工作。其中又以使用者較少，難以在市場上找到解決方案的資本財，以及運動或興趣領域中的消費財，特別傾向由使用者自行開發新的解決方案。

這種開發新解決方案的使用者又被稱做「領先使用者」，一般認為，他們很可能在商業領域中引起大幅度的創新，影響力相當大。做為紙膠帶粉絲的三名女性就具有以下領先使用者特質，①在主要市場動向上，比一般使用者走得更前面；②因為是為了滿足自己的需要，所以提出來的解決方案可獲得相對較高的效用。

然而，會關心新產品開發的領先使用者，大約只佔整體使用者的 1～5%。提供適當的「工具箱」促進使用者新創，讓這樣的使用者參與價值創造活動，自行開發出新的產品，使使用者與企業雙方在資訊共享的基礎下對話，討論新產品的風險與價值，被認為是較有效率的使用者創新方式。

◇為活用顧客的知識而建構的組織能力

如同我們在mt的案例中看到的，使用者擁有的知識與knowhow有時會成為企業重要的價值創造泉源，但這只有在企業與使用者間有良好關係時，企業才有辦法獲得這些原屬於使用者的知識與knowhow。因此對企業來說，最重要的並非獲得、使用使用者的知識與knowhow，而是透過與顧客的對話及合作，更新企業的既有知識，在公司內部建構出新的組織能力。

舉例來說，以開發mt產品為契機，導入新型印刷技術的Kamoi加工紙，不只可以製造出多種顏色的產品，更可以在紙膠帶上印出花樣。這讓Kamoi加工紙每季都能發表數十種新型紙膠帶，與多名設計師合作開發新的花樣，在各地舉辦展覽，發售當地限定的紙膠帶產品。另外，任何人都可以透過官方網站訂購基本款式的紙膠帶。

Kamoi加工紙與前面提到的三名女性共同開發產品後，建構出了一個更寬廣的場域，促進公司與使用者對話，讓公司能持續傾聽使用者的聲音，並成為各家企業委託合作案的管道。而在決定是否要接受來自外部的Idea，則需用「mt式標準」來判斷。所謂「mt式標準」，指的是「用講究的工藝讓他人露出笑容」。在「mt ex展」之類的活動中，使用者能體驗到這種由mt建構的世界觀，故這也是Kamoi加工紙發射新訊號的地方。就這樣，Kamoi加工紙活用來自使用者的知識，提出新的構想與展望，給使用者預料之外的驚喜與感動，進而獲得了許多超越性別與年齡的粉絲。

4. 結語

　　網際網路、3D列印機的普及，讓人們可以用很低的成本與簡單的工具，生產客製化產品。過去主要由企業負責價值創造過程，近年來有使用者參與價值創造的例子則逐漸增加。同時，企業產品的顧客創造過程也從原本只使用公司內關係封閉的內部資源，改成與公司外利益關係人建立網路，活用廣範圍的外部資源。不過，這並非單純將新創功能外包給使用者，更是透過與使用者的對話，瞭解自家技術、產品的潛在可能，這種重新建構自家公司能力的學習過程是相當重要的事。

？ 問題思考

1. 請閱覽Kamoi加工紙的「mt」網站，以及該公司或其他公司的工業用紙膠帶網站，比較這些網站內容的差異。

2. 價值共創是什麼意思？請用自己的話說明看看。

3. 試舉出企業與使用者價值共創或使用者創新的具體案例，參與這些過程的使用者們為什麼會想要參加這些價值創造過程呢？企業又是用什麼方式和使用者合作的呢？

第3章

進階閱讀

西川英彦・廣田章光 編著『1からの商品企画』碩学舎、2012年

クリス・アンダーソン『MAKERS—21世紀の産業革命が始まる』NHK出版、2012年

小川進『ユーザーイノベーション—消費者から始まるものづくりの未来』東洋経済新報社、2013年

參考文獻

延岡健太郎『製品開発の知識』日本経済新聞社、2002年

小川進『イノベーションの発生論理』白桃書房、2000年

エリック・フォン・ヒッペル（サイコム・インターナショナル監訳）『民主化するイノベーションの時代—メーカー主導からの脱皮』ファーストプレス、2006年

吉田満梨(2013)　「製品評価基準の変化を伴う市場形成のプロセス—カモ井加工紙株式会社『mt』の事例研究」『季刊マーケティング・ジャーナル』、 127: 16 -32

第 4 章

以價格達成顧客創造
三得利 Premium Malt's

第1章

第2章

第3章

第4章

第5章

第6章

第7章

第8章

第9章

第10章

第11章

第12章

第13章

第14章

第15章

1. 前言

環顧周遭，會發現有些商品比其他同類商品貴得多。這些商品為什麼可以賣得比較貴呢？因為原料比較高級嗎？因為品質比較好嗎？相對的，價格比較便宜的商品是因為原料或品質比較低劣嗎？

有時候品質或功能的差別會反映在價格上，但有時候，某些商品的品質或功能並沒有特別好，卻能溢價販賣，相反的，另一些商品的價格卻低於一般水準。譬如「Dyson」吸塵器就比功能、品質相近的吸塵器還要貴得多，這就是所謂的品牌溢價。

價格並非僅由品質與功能決定。即使企業設定了品牌溢價，要是消費者不接受這個溢價的話，就不會購買這些商品。另外，企業也必須費上一番工夫，讓設定的價格不致崩跌。為了做到這點，企業需透過價格設定策略與其他行銷組合，與合作企業進一步交涉。價格策略本身也是行銷組合中的一部份，卻是直接與銷售額及獲利連結的重要因素。本章將以三得利的Premium Malt's為例，說明創造精品市場時的價格戰略，介紹如何達到顧客創造。

2. Premium Malt's的價格管理

◇啤酒的市場狀況

　　三得利的「The Premium Malt's（以下稱Premium Malt's）」於二〇〇三年發售。當時日本國內的飲酒市場面臨高齡化、人口減少、年輕人不喝酒等總體環境問題，平均每人飲酒量大幅減少。而且因為葡萄酒、燒酎等其他含酒精飲料引起的熱潮，以及低價啤酒的登場，啤酒也需在大型量販店或一般超市與其他產品削價競爭，可說是處於相當嚴苛的環境。低價啤酒是發泡酒與第三類啤酒的合稱。依日本酒稅法的規定，目前（2016年）日本將啤酒類產品依照麥芽的使用量分為以下三種，分別是標準啤酒（麥芽比例66.6%以上的啤酒）、發泡酒（麥芽比例未滿25.2%的啤酒），以及第三類啤酒（不使用麥芽的啤酒）。各類別的啤酒價格請參考表4-1。近年來，酒精飲料整體的銷量下降。標準啤酒雖然仍是銷量最多的啤酒，但與一九九四年的高峰相比卻減少了約六成。除了前面提到的總體環境問題之外，酒類消費的多樣化也是啤酒銷量降低的重要原

【表 4-1　啤酒的類別與價格差（二〇一六年的市場價格）】

類別	二〇一六年的平均價格	與標準啤酒的價格差
精品啤酒	200-220 日圓	+20 ～ +30 日圓
標準啤酒	170-180 日圓	設為 0 日圓
發泡酒	120-130 日圓	-50 ～ -60 日圓
第三類啤酒	100-105 日圓	-70 ～ -80 日圓

出處：筆者製作

因。雖然啤酒的銷量一直在下滑，但葡萄酒、燒酎等酒精飲料的銷量卻成長到一九八九年的近兩倍。另外，低價啤酒的銷量也在增加。發泡酒與第三類啤酒合稱低價啤酒，它們的市佔率後來甚至能與標準啤酒並駕齊驅。隨著日本景氣成長減緩，許多人改在家裡喝酒，並選擇低價啤酒，消費者對價格也越來越敏感。這使得啤酒在實體店面的價格競爭越來越激烈。就在這種狀況下，三得利開始發售高價的精品啤酒。

◇Premium Malt's的發售

Premium Malt's發售時，每罐價格比標準啤酒還要高30日圓到40日圓，在飯店的販售價格則定為一杯100日圓到200日圓。Premium Malt's在二〇〇八年創下1000萬箱的驚人銷售紀錄，但在這之前，三得利的啤酒事業卻是連續46年赤字，業績劣於麒麟、朝日、Sapporo，是啤酒產業中業績最差的廠商。三得利卻選擇發售比一般價格還貴的精品啤酒，使長年業績墊底的啤酒事業首次脫離赤字，成為業界第三。二〇〇九年時，其他啤酒廠商的業績多為負成長，三得利卻是+110%的高度成長，且後來的六年中，每年銷售量都打破過去紀錄。長年赤字的三得利為什麼可以靠著高價啤酒重振雄風呢？當時許多業者感嘆「不打折就賣不出去」，為什麼三得利可以用更高的價格賣出啤酒呢？這就是本章要討論的主題。

價格高卻賣得很好，是因為品質很好嗎？確實，Premium Malt's堅持使用100%麥芽、天然水，以及高品質的製造過程。但光是這些並不足以讓產品熱銷，消費者也不會因此而支付較昂貴的價格。許

【照片 4-1　三得利 The Premium Malt's（二〇一五年）】

出處：三得利控股公司

多地方製造的啤酒也很堅持高品質與特定的製造方法，卻只能在地方上少量販賣而無法形成熱銷商品。

再說，Premium Malt's有著相當香醇的味道與濃厚的香氣，當時的日本人並不習慣這樣的味道。比起味道，當時的人們選擇啤酒時比較注重爽口與順口的感覺，譬如當時賣得最好的朝日Super Dry。要讓這種價格又高、味道又與眾不同的啤酒熱銷，就必須準備一套特別的行銷策略。就算原料好、品質好、製造方法特殊，消費者也不會輕易接受較高的價格（Price）。因此重點在於和其他行銷組合（4P）的結合。

◇「正式場合的啤酒」

首先是在餐廳上架（Place）。但過去一直是業界銷量最差的啤酒，要在餐廳上架並沒有那麼容易，而且價格還比一般啤酒還貴，

所以推銷時需要費點心思。三得利必須傳達Premium Malt's品牌的精品感，使它能撐起這個價格。於是，如何讓Premium Malt's與婚宴會場、高級酒吧、高級飯店、古典餐館等「正式場合」聯想在一起，會是一大關鍵。

其中最優先該做的事是，讓消費者理解到Premium Malt's的精品感與附加價值，認為「既然這麼有價值，那麼多花一點錢也沒關係」才行。這和高級飯店可以提供顧客「特別感」這種附加價值的道理一樣，三得利希望能讓Premium Malt's成為在正式場合中飲用的啤酒，於是開始以飯店為重點展開業務。消費者往往會在參與「正式場合」的時候前往飯店，譬如祭典或結婚典禮等值得慶祝的日子。飯店的營業額約有四成來自婚禮與就職宴會，正好與精品啤酒十分相襯。Premium Malt's做為「與正式場合相襯的最高級佳釀」，價格比較高，所以每位消費者支付的單價也會跟著提升。啤酒過去給人平凡無奇的印象，近年來的宴席上越來越常看到華麗的香檳或葡萄酒，啤酒的消費量卻越來越少。不過，如果宴會選用「精品啤酒」的話，顧客會覺得自己被重視，所以可以享用到特別的啤酒，進而對飯店留下好印象。

除此之外，三得利還邀請餐館人員到工廠參觀製造過程，瞭解他們使用的原料與他們堅持的製造方法（Promotion），並建議使用特殊形狀的玻璃杯飲用，以享受啤酒特殊的香氣與濃厚的口感，藉此創造出新的價值，與以往的啤酒做出區別。另外，三得利也派遣員工到大型店面指導啤酒的盛裝方式，到餐館指導如何清理生啤酒機，並嚴格要求店家要每天清理機器，正確做好啤酒的盛裝步驟，以實現「正式場合的啤酒」的價值〔產品（Product）、推廣

（Promotion）〕。這些針對實體店面的做法都有助於提高三得利啤酒的品牌認知度，增加喜愛Premium Malt's的粉絲，藉此創造出願意購買這款啤酒的旅客。

◇「小小正式場合」的小小奢侈

為了吸引消費者，三得利推出有精緻包裝的Premium Malt's，適合用於餽贈或「在家飲酒」。深藍色與金色的設計相當有高級感。更厲害的是，從二〇〇五年起，Premium Malt's連續三年獲得了世界品質評鑑大賞（Monde Selection）的特別金獎（Grand Gold Quality Award），是日本第一個獲得如此殊榮的啤酒。這也讓消費者對Premium Malt's的印象大為改變，開始接受它的精品價格，並強化它在人們心目中是享受「小小奢侈」的概念。

三得利在電視廣告中提到，既然要送的話就送Premium Malt's，希望能在禮品市場中與標準啤酒做出差異化。過去如果在送禮時送啤酒，會給人一種陳腐的感覺，不過因為Premium Malt's曾獲得世界品質評鑑大賞的特別金獎，使贈送方與收受方都能感受到它的與眾不同。在禮品市場大幅縮小的二〇〇九年度中，Premium Malt's卻比前一年成長了一成。雖然禮品只佔了Premium Malt's整體銷售量的10%，影響力卻遠大於此。贈送Premium Malt's的一方可能因為收到的人很開心而再次贈送，收受方可能在喝過Premium Malt's後愛上這款產品，並開始送其他人這款啤酒。事實上，有在飲用Premium Malt's的消費者中，有兩成是因為收到做為禮品的Premium Malt's才開始喝的。

　　另外，一開始Premium Malt's被設定成餽贈用的啤酒，以及「正式場合（盂蘭盆會、新年、父親節等）」的宴席上飲用，後來三得利則推出更多提案，推薦消費者在其他情況下飲用Premium Malt's。譬如當消費者在工作上完成了一個重要報告，廣受周圍好評，想要慰勞自己的時候，可以小小的奢侈一下，在這個「小小的正式場合」享用Premium Malt's啤酒。三得利還藉由許多類似的提案促進Premium Malt's的販售，譬如創造出「星期五是Pre-Mal之日」的廣告詞，要消費者在一週的辛勞後，用Premium Malt's慰勞自己。另外，一般來說，日本家庭內要慶祝什麼事的時候，通常不會拿出啤酒，而是打開香檳或紅酒來喝。為了讓Premium Malt's啤酒也能成為慶祝時喝的酒類，三得利也努力吸引兩種消費者的目光，包括①在廣告中建議原本在慶祝時喝標準啤酒的消費者改喝Premium Malt's；以及②建議原本在慶祝時喝其他酒精飲料的消費者改喝Premium Malt's。這樣的推廣活動除了直接向消費者推銷產品之外，也有向販售店打廣告的意義，有助於支撐Premium Malt's在實體店面的精品價格。

　　但是這些促銷活動卻沒能躲過通縮的浪潮，其他啤酒公司也在不久後陸續加入精品啤酒市場，使三得利的Premium Malt's也不得不削價競爭。實體店面價格的訂價權在店面手上，三得利無從置喙（參考專欄4-1、圖4-1）。當販賣數量與消費量陸續增加，轉變成一般商品後，就會逐漸過氣、價格崩盤。為了防止這種事發生，啤酒廠必須做好價格的維持與管理工作，讓實體店面的價格不會與廠商的建議價格差太多。譬如各大啤酒公司會透過電視廣告或貼紙集點活動，促使消費者持續飲用自家廠牌的啤酒，防止價格競爭與價

【照片 4-2　「The Premium Malt's 釀造者的夢」（二〇一五年）】

出處：三得利控股公司

格崩盤。但光靠這些方法，要維持住價格還是有其極限。

　　事實上，近年來Premium Malt's就有出現價格崩盤的現象。於是三得利在二〇一五年的三月，推出由啤酒釀造家花了十年開發出來的產品「The Premium Malt's 釀造者的夢」，比Premium Malt's還要貴兩成，是最高階級的啤酒。這款啤酒中包含了釀造家的堅持與「夢想」的實現，亦被定位成精品啤酒。「釀造者的夢」不僅可用於餽贈，也適合出現在高級飯店的酒吧、高級餐廳等正式場合。在特別的日子，與特別的人用餐時，如果覺得不大適合喝一般的啤酒，就可考慮喝釀造者的夢。這讓三得利進一步擴大了精品啤酒的市場。

專欄 4-1

實體店面的價格設定：兩種價格設定方式

除了書籍、音樂創作作品、報紙等產品之外，零售店內的產品價格多由店面自行決定。店內商品是零售業者向廠商或批發業者進貨，進貨以後商品就歸零售店所有，零售店要賣多少錢都可以。因此，如果廠商想要限制實體店面的販售價格（再販售價格）的話，就會被視為「不當交易方式」，違反日本的「獨佔禁止法」。

另一方面，廠商有兩種方法可以影響零售價。一種是提供「如果是自己來賣的話，會賣什麼價格」的資訊，也就是所謂的「廠商建議零售價格」。消費者會以此為基準，判斷零售店打幾折、值不值得購買。

第二種方法則是公開廠商販售給批發業者與零售業者的出貨價格，此外皆不過問。這種方法稱做「開放式價格」，廠商不具體寫出建議零售價格是多少。日本的啤酒廠商多採用開放式價格。

【圖 4-1　兩種價格設定】

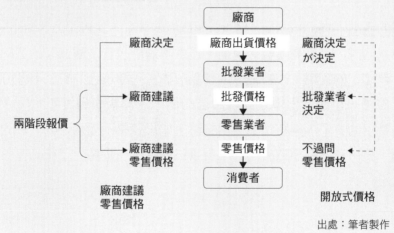

出處：筆者製作

　　圖 4-1 列出了兩種價格設定方式的差異。在「廠商建議零售價格」的機制中，廠商會對零售業者提議「請用這個價格販賣，我們會依照出貨量與貴公司遵守價格的程度提供優惠（給予回扣）」，鼓勵零售業者依照建議價格販賣。同樣的，廠商也會對批發業者提議「請依照我們的出貨價格往上加 XX% 販賣」。這種分別指示批發商與零售商以特定價格銷售的做法，稱做兩階段報價。對於批發業者與零售業者來說，這可以算是一種獲利保證。

　　近年來，採用開放式價格的廠商越來越多。這是因為，若採用廠商建議零售價格的機制，廠商對零售店的鼓勵制度會變得過於複雜，不如讓零售店依照自己的獲利能力，自行決定適當的價格，而且這也有助於防止消費者認為產品有廉價感，進而防止品牌力降低。順帶一提，相對於內部參考價格，「廠商建議零售價格」、「建議售價」、「本店一般價格」等也稱做外部參考價格。

3. 以價格策略達成顧客創造

前面我們透過Premium Malt's的例子，說明以價格創造新顧客的過程。在既有市場的競爭已白熱化的嚴苛環境下，要透過高價的精品創造出新顧客時，不只產品是重點，如何吸引消費者、用什麼方式行銷也都相當重要。以下則要說明如何設定價格，以及維持、管理價格的理論。

◇價格的三個意義

商品的價格是如何決定的呢？經濟學教科書上說，價格由需求與供給的均衡決定。在批發市場交易的鮮魚、水果、花卉價格就是典型的例子。不過，廠商通常不是用這種方式決定產品價格。現在的日本正處於供給過剩的時代，通貨緊縮正在發生，物價也持續下探，然而另一方面，高價商品仍賣得很好，消費二極化正在進行中。提高價格的話，需求量一定會減少；但降低價格時，也可能會因此而賣不出去，像是高級車或名牌商品就是如此，這種偏高的價格也稱做聲望價格。要是商品賣得特別便宜，消費者反而會對品質產生疑慮。也就是說，價格有三個意義，分別是①表示消費者支付時的疼痛程度、②衡量商品品質的數字，以及③產品的社會聲望（②與③屬於價格的價值提案功能）。Premium Malt's的價格設定得比一般啤酒還要高，理論上就是在告訴消費者Premium Malt's的價值比一般啤酒還要高。然而即使抬高價格設定，也不表示消費者與相關企業會馬上接受這是精品。為了讓消費者接受這個價格，必須透過行銷組合進行各種活動，告訴消費者這項產品不是只有價格貴

而已，包裝與品質也有一定程度、曾獲得某某獎、提出與眾不同的使用時機，或者透過電視廣告等手法吸引消費者注意。訂定價格一事，其實也是廠商與消費者及相關企業（包括餐廳與批發業等）的交流活動。

◇什麼東西會影響價格

第4章

在廠商間削價競爭的啤酒市場中，要抬高產品價格是一件很困難的事。三得利卻能用精品啤酒創造出新的顧客，引起熱潮。不過在看到Premium Malt's的銷售佳績後，其他公司也陸續推出精品啤酒，使精品啤酒的市場也無可避免地面臨著削價競爭的危機。產品的價格不只取決於廠商思維，也會受到各種外部因素的影響（圖4-2）。企業不只需要設定價格，也必須維持、管理當初設定的價格。影響價格的因素包括產品的競爭狀態、交易關係，以及產品位於生命週期的哪個階段（圖4-2）。換言之，管理企業與消費者、競爭者、批發商之間的關係，是十分重要的一件事。

【圖 4-2　影響價格的外部因素】

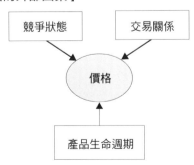

出處：筆者整理

085

　　Premium Malt's的價格設定與維持，支撐著針對消費者與批發業者而進行的行銷活動，提升了產品的價值。這也是為了建構一個精品的品牌忠誠度，防止價格崩跌。品牌忠誠度讓消費者會持續特定品牌。建構起品牌忠誠度後，價格管理上也會相對容易許多。

◇價格設定：精品策略與低價策略

　　近年來陸續有某些廠商推出精品版本的產品，打造別具一格的產品線（精品策略）。有些零食業者會在著名百貨公司的零食賣場展示精品版本的產品。譬如Calbee的精品洋芋片「Grand Calbee」、固力果的「Bâton d'or」（每盒皆為500日圓左右）。這些產品常有著美麗的包裝，在著名百貨公司高價販售，並由親切的服務人員接待，給人高級品的感覺。店面常可看到消費者排起長長的隊伍，是相當熱門的商品。零食通常給人在家庭或職場上隨手拿來吃的印象，一般來說並不貴，不過自零食公司推出精品版本的零食後，成功創造出了與過去不同的顧客，譬如特地到某個地方購買當地限定零食的消費者。這樣的策略創造出了與過去目標客群不同的新客群。

　　不是只有精品價格策略可以創造顧客，低價策略也可以。譬如以ZARA及H&M為代表的快時尚產業就是著名案例。他們注重的不是縫製與材料的品質，而是產品的時尚性與低廉的價格。消費者不是因為穿起來的舒適程度、材料、耐久度而購買，而是因為想要跟隨潮流而購買，所以會多次購買、評論當季產品。這些快時尚店店家創造出了「便宜卻能跟上時尚趨勢的衣服」，以及喜歡這些衣服

專欄 4-2

價格設定方式

　　廠商會如何設定價格呢？價格的設定方式大致上可以分成①成本導向定價、②需求導向定價、③競爭導向定價等三種。以往廠商使用的大多是成本導向定價，譬如成本加價法（cost-plus pricing）、加成定價法（markup pricing）、損益兩平點定價法等，都屬於成本導向定價法。它們的共通點是，都是計算製造成本、營業費用的總和，再加上廠商應有的獲利與物流需要的費用，計算出大概的零售價格，再參考其他競爭品牌的產品價格，決定最後的實際定價。對廠商來說，這種方法便於控制批發商的價格，卻也有一些問題，譬如沒有考慮到消費者所感受到的價格，容易在競爭中殞落。過去的消費者判斷力較差，常由價格判斷產品的價值（請參考《価格の品質バロメーター機能》的正文）。不過，現在廠商與消費者之間的資訊落差已大幅縮小，單純的成本加價定價方式已難以讓商品大賣。這表示，現在為商品定價時，不只要考慮企業方的想法，也要考慮到消費者的想法，以及和其他企業之間的競爭，所以才會衍生出②需求導向定價、③競爭導向定價這兩種定價方式。使用②需求導向定價時，比起成本，更重要的是需求。企業應著重在價格與需求的關係，或者是顧客對價格的感覺，站在顧客的角度設定價格。習慣定價法、聲望價格法、尾數定價法皆屬於此類。③競爭導向定價則是以競爭企業的價格為基準的價格設定方式，代表性的例子包括現行水準定價法與競爭定價法。現行水準定價法是已目前在業界有主導地位的企業產品價格（價格領導者，price leader）為基準而設定的價格。譬如較低階之產品，價格往往會略低於佔主導地位之產品。競爭定價法則是指企業為了提升市佔率，以取得競爭優勢並擴大市場而設定的價格，在產品的成長期時常會採用者種定價方式。不過，如果在成熟期採用這種定價方式的話，往往會與其他企業陷入價格競爭，需要多加注意。

的顧客，取代過去那些「便宜但品質差的衣服」。由此可見，快時尚品牌是用低價策略創造顧客的一個案例。日本的百圓店及DELL電腦也是這類案例。他們打破了一般的選擇基準，以低價販賣平常不會被列為選項的產品，藉此重新定義產品的概念，成功吸引到新的顧客。並不是一定要創造出新的商品才會成功，即使是同樣的商品，若能搭配適當的價格策略，便有可能創造出新的產品類別與新的市場。不管是精品策略還是低價策略，支撐著這些策略的價格設定機制都是市場創造與顧客創造的重點。

◇價格的維持：與交易企業的關係管理

廠商與交易商品之企業的關係，會影響到價格的維持。在本章的案例中，與廠商直接交易Premium Malt's的企業包括零售業者與批發業者等通路商。若廠商想維持與管理價格，不只要與消費者交流，也需和幫助廠商販賣商品的通路商保持良好關係。比起消費者，通路商更能直接影響到獲利。以Premium Malt's為例，為了不要陷入極端的削價競爭，三得利在實體店面的販售上，採用開放式價格制。若設定廠商建議零售價的話，可能讓實體店面打出「便宜○日圓」的廣告，促進實體店面競爭，可能損及品牌價值。廠商為了降低實體店面的競爭，大筆投資在電視廣告等促銷上。這種打造品牌力的行動可以維持產品在消費者心中的印象，更可以支撐住廠商面對通路商時開出的價格。

在其他的例子中，企業會藉由調整生產與物流來控制價格。譬如Calbee廢除業務責任額制度，不再要求零售業者賣出一定量的洋

芋片，賣多少算多少。透過高頻率少量生產來支援高頻率少量物流。要是製作過多的商品，實體店面也賣不完，只會導致實體店面累積過多存貨。這些過量存貨會縮小庫存空間，為了維持金流與產品新鮮度（餅乾要是放太久，味道也會變差。內部的油脂會酸化，外觀也會變得不好看），實體店面往往會廉價求售，引起價格崩盤。為了達到營業額及獲利目標，零售業者廉價求售以清空庫存並不是什麼奇怪的事。要為進貨的商品定什麼樣的價格，是實體店面的自由。為了整理庫存、保持產品新鮮度，實體店面往往會大幅降價一次清空庫存。但如果這種現象常態化，一般消費者就會對這些商品產生廉價品的印象，使品牌力下降，以後這些商品要是不降價就賣不出去，形成惡性循環。為了防止這種事發生，Calbee建構了少量販售的機制，只販賣消費者需要的量。

　　設定好價格之後，就很難調漲價格，也很難調降價格。即使設定好價格，廠商也必須耗費心力維持，因為消費者心中會有一個內部參考價格。所謂內部參考價格，簡單來說就是「可接受價格」。當消費者看到廣告、收到特賣活動資訊時，心中的可接受價格也會隨之改變。當產品售價比消費者的可接受價格高時，就不會購買產品。換句話說，要是低價促銷活動過於頻繁的話，即使消費者看到正常價格，也會覺得「今天賣得比較貴（所以先不要買好了）」。另外，對消費者來說，漲價給人的印象比跌價還要深刻。假設消費者認為某個值500日圓的產品在零售店賣550日圓，另一個值600日圓的產品在零售店也賣550日圓。同樣是50日圓的差別，消費者卻會覺得買前者時的「損失感」大過於買後者時的「獲得感」。零售店常會違背製造商的意願，降低價格以促進銷售業績。即使如此，

廠商也應該要致力於和零售業者合作維持價格。光是削價競爭，沒辦法長久經營下去。廠商比需理解目標顧客重視的價值是什麼，並維持或提升產品的價值，透過瞭解產品的價值，釐清價格、價值、成本之間的關係。

4. 結語

透過三得利的The Premium Malt's案例，我們瞭解到即使在產品逐漸低價化的市場，廠商也可透過價值創造，打造出不一樣的產品，並透過與通路、消費者的交流，提升產品的價格。與行銷組合的其他要素相比，價格相對容易波動。推出某些價格策略（譬如打折、優惠券、降價促銷等）時，就會即刻顯示出效果。另一方面，當價格改變時，需求的反應程度（需求的價格彈性）並不固定，在調整價格以應對競爭時需特別注意。消費者心中常有一個願意購買的價格上限，稱做保留價格（reservation price）。

多樣化的支付條件與支付方法也屬於價格策略。採用更方便的支付方法、活用資訊通訊科技，譬如當顧客在結帳時，依照顧客的特徵給予優惠方案，或者提出特別價格等，依照時間、季節、地區、顧客，推出適當的價格策略，將是未來漸受矚目的做法。

第4章

❓ 問題思考

1. 請瀏覽三得利的網站，確認有哪些內容與本書正文對應，並思考三得利為什麼要在網站上寫出這些資訊。

2. 比較同類的其他產品。請列出其他以精品價格販賣的商品品牌名稱。明明這些產品的定價也是精品價格，卻賣得不怎麼樣呢？試以價格外的行銷組合因素進行說明。

3. 不同廠牌的礦泉水價格有一定差異。您認為該如何說明日本國內品牌礦泉水與外國品牌礦泉水的價格差異呢？

進階閱讀

上田隆穂 編『ケースで学ぶ 価格戦略・入門』有斐閣、2003年

上田隆穂・守口剛 編『価格・プロモーション戦略 現代のマーケティング戦略②』有斐閣アルマ、2004年

ヘルマン・サイモン、ロバート・J・ドーラン『価格戦略論』ダイヤモンド社、2002年

參考文獻

上田隆穂『売りたいのなら、値下げはするな！日本一わかりやすい 価格決定戦略』明日香出版社、2005年

片山修『なぜ、プレミアムモルツはこんなに売れるのか？』小学館、2010年

水野誠『マーケティングは進化する』第6章（価格設定）、同文館出版、2014年

第 5 章

以通路達成顧客創造
雀巢日本 雀巢咖啡大使

1. 前言

外資公司的星巴克、塔利，便利商店的7-Eleven、Lawson，外食餐廳的Sukiya、麥當勞、St. Marc，日本國內的咖啡連鎖店羅多倫（Doutor）、Veloce。

許多企業都跨足咖啡市場，光是名字就多到讓人快記不住了。有那麼多企業加入搶奪市佔率的咖啡市場，近年來又有什麼樣的變化呢？

這幾年的咖啡市場，關注的不再只是咖啡的味道。那麼，現在的咖啡行銷方式與過去有什麼差別，又有什麼樣的變化呢？

現在只要一推出新產品，馬上就會被其他競爭對手模仿。不管新產品有什麼新功能，價值也會迅速降低。那麼，現在的咖啡商若想與其他對手做出差異化，關鍵又是什麼呢？

其中一個答案就是「通路」。

本書將以咖啡市場中特別活躍的雀巢日本為例，具體說明通路的重要性。雀巢日本所使用的通路（直接通路）與傳統的通路不同，兩者間的差異將在正文中詳細介紹。

先說結論，若要攻佔新的市場，就必須建構新的通路。換句話說，若要在咖啡市場中建構新的通路，就要創造出新的顧客（或者說是創造出新的市場）。過去的通路中，咖啡製造商與顧客的接觸點僅限於超市或便利商店。雀巢則從職場下手，在職場上建構出新的通路。簡單來說，就是讓顧客走入通路內，在職場中建構出能夠增加咖啡消費量的通路，以達到顧客創造的目的。

本章將透過咖啡產業的例子，說明如何藉由建構通路達成「顧客創造」的「通路管理」概念。

2. 雀巢日本「雀巢Barista」與「雀巢咖啡大使」

◇與咖啡有關的問題

在以前的日本，不去一定等級的咖啡廳就喝不到現沖咖啡。不過在以羅多倫為首的咖啡廳的推廣下，一九八〇年代起，消費者可以用便宜的價格喝到現沖咖啡。而在一九九六年以後，外資企業星巴克咖啡進入日本市場，並持續擴大經營，提供高品質且種類豐富的咖啡。在星巴克的推廣之下，進入日本咖啡市場的門檻隨之降低，外資企業塔利也跟著進入市場，日本本土的咖啡商如Veloce、St. Marc等亦急速增加。在二〇〇〇年以後，咖啡店的普及使原本不大喝咖啡的年輕人，開始養成了喝咖啡的習慣。與一九九〇年相比，研磨咖啡（咖啡豆經烘焙、研磨後沖泡出來的咖啡）的市場變成了1.5倍。

到了二〇〇八年，以麥當勞為首的速食店也陸續跨足咖啡市場。現在就連7-Eleven、Lawson等便利商店也開始販賣研磨咖啡，使咖啡市場越來越複雜。或者我們也可以說，在咖啡消費量全球第四的日本，咖啡的「飲用場所」正在產生變化。

咖啡市場的結構可以由咖啡（包含各種咖啡類飲料）的飲用場所分成兩類。第一類是家庭內的咖啡市場，第二類則是家庭外的咖啡市場。

家庭內咖啡市場主要包含即溶咖啡（粉末咖啡）、研磨咖啡、棒狀即溶咖啡（stick coffee）等。家庭外咖啡市場則包括罐裝咖啡、便利商店、咖啡廳、速食等（參考自日本食品產業新聞社）。

由二〇一四年的調查，日本平均一週即溶咖啡的消費量約為四

【圖 5-1　日本的咖啡飲用場所以及每人每週喝的咖啡杯數】

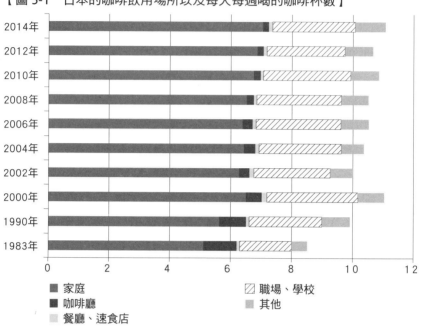

■ 家庭　　　　　　　　　▨ 職場、學校
■ 咖啡廳　　　　　　　　▨ 其他
▨ 餐廳、速食店

出處：全日本咖啡協會[2015]《咖啡需求基本調查》

杯。其中，職場約佔28%、家庭內約佔70%。職場的人們大多是在自動販賣機與便利商店購買咖啡（日本咖啡協會）。

　　即溶咖啡（雀巢日本於二〇一四年七月二十四日起，將即溶咖啡改稱為regular soluble coffee是咖啡淬取液經過噴霧乾燥或冷凍乾燥製成的產品，常為粉末狀或顆粒狀，盛裝在瓶中販賣。可存放在任何地方，保存期限也相當長，只要加入熱水就可以喝到咖啡，相當方便，廣受日本全國家庭與辦公室的歡迎。不過就像我們後面會提到的一樣，職場上的即溶咖啡需求在八〇年代後半開始，有逐漸減少的傾向。

◇職場市場

接下來讓我們來看看職場市場的變化吧。

日本經濟成長期時，職場的茶水間常備有罐裝即溶咖啡可任意取用。在重視效率的企業中，即溶咖啡被視為不可或缺的東西。

在女性員工較少的一九七〇年代與一九八〇年代中，企業內有著讓女性員工泡咖啡的習慣。不過在一九八五年，日本男女雇用機會均等法通過並普及後，這個景象已成為過去。接著在一九九〇年代的泡沫經濟期間，職場的需要變成了咖啡茶點的外燴服務（送到職場的咖啡）、公司內自動販賣機的罐裝咖啡，以及咖啡機租賃服務，企業可向Unimat等業者租用咖啡機。公司與Unimat簽訂咖啡機租賃契約後，每個月需購買一定量的咖啡豆、砂糖、牛奶、咖啡杯，並支付機器維護成本。之後，提供道地濾掛咖啡的企業也陸續登場，一杯只賣19日圓。至此，咖啡已成為職場中不可或缺的飲用品。

進入二〇〇〇年代以後，企業的預算與公司內部空間大幅縮減，於是許多辦公室都撤走了租賃型咖啡機與罐裝咖啡的自動販賣機。

◇咖啡產品的通路

接著要說明的是咖啡產品的通路。

通常，廠商並不會直接將咖啡交到顧客手上。生產出來的咖啡會經過批發業者、零售業者，最後才交到顧客手上（圖5-2）。

乍看之下，只要咖啡的製造商、加工業者再增加販售業務就可

以了，但為了販賣一包一包的咖啡粉而經營零售業務，對製造商來說相當沒有效率。不如將咖啡粉透過批發業者賣到百貨公司、超市、便利商店、量販店還比較好。

但對製造商來說，並不是只要開發好產品，之後一律交給批發業者與零售業者就好。製造商還必須創造出顧客與產品的接觸點，告訴消費者自家產品比其他公司的產品好在哪裡，為了提高顧客的滿足度，還得建構並管理通路才行。

◇雀巢咖啡大使的成果與推廣

咖啡產品製造商會透過既有通路經營家庭內市場，卻沒有在職場市場中建構出讓消費者有機會飲用咖啡的通路。

雀巢日本認為有必要開拓職場市場，以尋找家庭外咖啡市場的可能性，於是在二〇〇九年開始販賣適合職場使用的家用咖啡機（「雀巢Barista」，以下稱Barista）。二〇一二年時在職場中設置「雀巢咖啡大使（以下稱咖啡大使）」，開始提供新的服務。Barista與前面提到的Unimat的咖啡機類似，主要差別在於「咖啡大使」的存在。消費者只要報名參加咖啡大使甄選，通過審查後，雀巢就會免費提供Barista給辦公室使用。

Barista於二〇〇九年發售，到了二〇一五年十二月，累積販售數量已達300萬台。

只要在Barista裝上「雀巢咖啡」專用的咖啡粉匣，不需煮熱水，一鍵就能煮出五種咖啡。除了招牌的商品「雀巢金牌」之外，還有「雀巢香味焙煎」等產品。

【圖 5-2　通路的中間商】

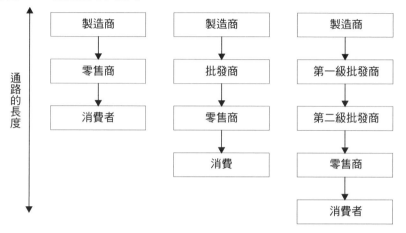

出處：筆者製作

導入咖啡大使制度的職場，只要花20日圓，就能享用到一杯和咖啡廳同等級的咖啡，比自動販賣機的罐裝咖啡和濾掛式咖啡還要便宜。咖啡機的維護相當簡單，即使故障也能免費維修。而且，要是定期購買雀巢咖啡產品，還可以再折價，一杯低於20日圓。

這是為了攻佔職場市場而建構的通路，由各職場與社群的咖啡大使（於二〇一六年七月時，全國共有25萬人以上的咖啡大使）構成。大使主要的工作包括訂購咖啡與回收咖啡的費用，以及簡單的機器清潔，和咖啡粉匣更換。做為交換，咖啡大使可以免費獲得一台家庭用的Barista，或者是2,000日圓的購物點數。

專欄 5-1

發生通路衝突的原因與解方

構成通路的成員之間，可能會出現競爭與對立，這些對立就稱做通路衝突。當各家製造商商為了讓自家產品賣得更好，在通路上行使某些權力，卻因此影響到通路上的其他成員時，就會產生通路衝突。廠商在通路上行使的權力包括報酬權力、制裁權力、資訊與專業權力、整體感權力、正當性權力等。權力行使是一種讓製造商便於控制市場，進而帶來獲利的手段。

報酬權力指的是當通路企業達成某個目標時，製造商給予的經濟性報酬。譬如回扣（rebate）、在特定區域享有獨家銷售權等，就是經濟性報酬的例子。制裁權力指的是當通路企業沒有達成目標時，製造商給予的懲罰，譬如出貨限制或停止交易。

資訊與專業權力指的是製造商管理自身擁有之資訊、可選擇告訴其他公司多少資訊的權力。整體感權力指的是製造商與通路商產生的共鳴、歸屬感。正當性權力則是讓通路企業認為製造商的所做所為有正當性的權力，不會違反法律、業界習慣、與過去企業之間的關係。

要是放著通路衝突不管，通路可能會崩毀。不只會增加成本，還可能會失去獲利機會。通路衝突的原因包括（1）目標、權限責任不一致、（2）事實認知不一致、（3）擁有資源差異、（4）交流的混亂等。若有多條通路並行，通路間的競爭會變得更加激烈，可能使不同通路之間開始削價競爭。

一般來說，解決通路衝突的方法可分為強制解決與非強制解決。前者包括「重新建構限定性通路」、「強化品牌忠誠度」、「改變交易方式」，後者則包括「聘請顧問」、「實施教育訓練」、「支援推廣工作」、「支援技術」等。

　　咖啡大使就是負責維護機器、推薦他人使用機器、回收相關費用的人。或者也可以說，雀巢日本將服務的管理交給了咖啡大使，與顧客建構起了合作機制。

　　隨著咖啡大使制度的普及，原本只活躍於職場的Barista咖啡機也開始進入家庭，購買家用Barista的人群大增。這表示咖啡大使又有了新的通路，隨著家庭需求的擴大，咖啡的銷售額也跟著增加。

　　簡而言之，在職場上提供與咖啡廳同品質的咖啡，讓每個人都能輕鬆喝到咖啡的新型通路，就是這個咖啡大使機制所扮演的角色。

第5章

【圖 5-3　「雀巢咖啡大使」機制】

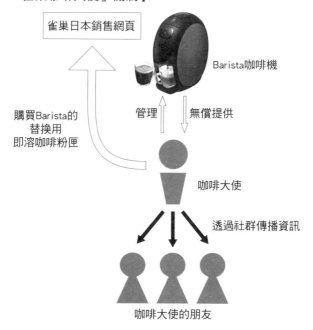

3. 通路的建構

◇建構新通路

根據全日本咖啡協會的資料，咖啡的飲用場所中，第一名是家庭（平均每週7杯），第二名是職場與學校（每週2.7杯）。不過，雀巢日本在家庭的市場佔有率高達37%，在職場卻只有3%（日本經濟新聞 二〇一四年八月二十八日）。這表示雀巢日本的即溶咖啡產品是以家庭內消費為核心，在職場上的消費量並不大。

雖然職場、學校也需要一定規模的咖啡，雀巢日本卻沒辦法滿足到這些需求。這就是雀巢日本面臨的問題。

在一九九〇年代後半，星巴克、塔利咖啡等外資咖啡連鎖店進入日本，開創出以企業女性員工及大學生的咖啡飲用市場。喜歡香氣濃厚的咖啡、堅持只飲用濃縮咖啡的客層急速增加。

另一方面，若職場上的人們想喝咖啡，則多是用咖啡機自行沖泡，或者在自動販賣機、便利商店購買罐裝咖啡。前者有些麻煩，成本也偏高，因為需要維護咖啡機運作。後者雖然簡單許多，卻喝不到咖啡連鎖店的味道。這就是當時的顧客面臨的問題。

◇解決顧客的問題

使用方便、便宜，又可以喝到真正的咖啡或拿鐵咖啡的雀巢Barista，就是為了解決這些問題而誕生。Barista與咖啡廳的咖啡一樣，以追求高品質咖啡的顧客為目標市場，創造出能享用到「道地的，和咖啡廳一樣的咖啡」的價值，卻大幅降低了顧客應支付的費用。

不過，還是有某些問題Barista無法解決。要在職場上引入Barista咖啡機，需要獲得企業的許可。Barista需要維護，也要補充咖啡粉匣，在咖啡機的裝設、使用上仍有一些障礙。

「咖啡大使」就是為了解決這些障礙而誕生。只要提出申請並獲得核可，這些咖啡大使就可以免費使用Barista，並負有裝設咖啡機，以及更換咖啡粉匣、清理機器的責任。就這樣，雀巢日本在職場上成功建構出了一條通路。

◇顧客創造與建構市場推廣機制

接著讓我們從事業持續性的角度，看看雀巢日本如何拓展市場。首先，雀巢日本針對「想喝到便宜的咖啡，卻也堅持咖啡品質」的顧客群為顧客創造的對象，希望能增加新的客群。針對這些新的目標客群，雀巢日本藉由獨創的「研磨豆包裹製程」，實現了「便宜卻道地，就像在咖啡廳喝到的咖啡一樣」的價值。

這讓雀巢日本獲得了顧客的信賴，並透過飲用者的口碑擴散開來，吸引了更多新顧客。另外，對即溶咖啡感到滿意的部分顧客，也開始提出想喝到卡布奇諾、可可亞，甚至是宇治抹茶拿鐵的需求。為了回應這些顧客，雀巢日本也推出了膠囊式的咖啡機「雀巢Dolce Gusto」，以應對多樣化的需求。

接著，為回應「想在辦公室喝茶」的需求，雀巢日本於二〇一三年十二月推出沖茶機「雀巢Special.T」，滿足法人的需要，讓辦公室的人們可以享用到咖啡與茶。這讓雀巢日本在職場上滿足了不喝咖啡的客群，大幅增加了使用人數。

4. 通路管理

◇持續性價值提供機制

這種價值提供機制是精心設計下的結果。這項機制的特徵在於無償提供Barista咖啡機，以及以個人為單位招募合作夥伴，這兩種做法都幫助雀巢日本持續性地提供許多價值。

雀巢日本也建構出了讓顧客持續購買「雀巢咖啡」的機制。雀巢日本可免費提供Barista咖啡機給職場，做為消耗品的即溶咖啡粉匣則是雀巢日本的獲利來源。因為雀巢日本的職場代表「咖啡大使」是以個人的身分應徵，所以不需要簽訂麻煩的法人契約，這也是這套機制能夠普及的關鍵。

雀巢日本過去是透過批發、零售等通路販售產品給消費者。所以雀巢日本較難在職場上與顧客直接接觸。

於是雀巢日本藉由咖啡大使進入職場的咖啡市場，使產品能直接在職場上流通、消費，建構出持續性的咖啡消費通路。

專欄 5-2

全通路

　　以前常有人用「Amazon 對 Walmart」來形容網路購物驅逐了實體店面。目前，在社群網站的發展下，許多擁有實體店面、與顧客有許多接觸點的企業透過全通路而發展壯大。全通路（Omuni Channel）這個詞源自於拉丁語「omnis（全部的）」的字根「omni」，藉由實現「在任何時候、任何地方、買得到任何東西的世界」，建構出巨大的購買通路。

　　O2O（Online to Offline）是一種全通路架構，也寫成「On to Off」，指的是用網路層面（線上）帶動現實層面（線下）之消費的行動與策略，需以網路為軸心展開業務。

　　另一方面，美國的百貨公司 Macy's 所建構的全通路則是以實體店面為企業的軸心，發出訊號給其他通路的消費者。在全通路策略中，企業需分析每個使用者的行動，思考要在哪個接觸點與顧客接觸，規劃出適當的策略。企業不僅要因應顧客行動的變化做出應對，還要讓顧客做出企業希望的行動，這些都屬於全通路的建構工作。

　　未來，全通路可望整合供應鏈，並整合顧客。就像日本 7-Eleven 的「巷內書店」一樣，可以 24 小時蒐集所有顧客的個人資訊，建構出新的顧客接觸點與新的通路，再根據這些資訊提供適當的線上折價券、服務優惠券。或者使用社群媒體 Foursquare 的位置資訊服務，積極向消費者宣傳店面，以增加來客量。

◇咖啡大使與通路管理

讓我們來看看雀巢日本透過咖啡大使進行的通路管理機制吧。首先，雀巢日本建構咖啡大使機制；接著，以咖啡大使為通路，直接與末端消費者交流，以此建構出持續性的關係。

這種咖啡大使的機制，擁有「直接通路」的功能。而所謂的直接通路（direct channel），指的是「不透過批發業與零售業，由製造商直接與顧客接觸的通路」。

透過既有通路——批發、零售販賣產品時，製造商難以與消費者有直接接觸，估需要花費大筆廣告費用，讓消費者認識品牌。另外，零售商會向批發商進貨，批發商則向製造商進貨。進貨方有權利決定商品要如何販賣、如何定價。從製造商的角度看來，當自家商品賣給批發商或零售商時，雖然拿到現金很棒，卻無法控制該商品如何販賣。另一方面，直接通路則是讓顧客做為雀巢日本的夥伴，以「咖啡大使」的身分協助雀巢日本行銷，這種通路的建構與應用，可以有效做到顧客創造。

在這種機制下的咖啡大使會相當重視顧客，自發性地推廣雀巢咖啡的產品，不只在職場，還會擴展到汽車展售店、醫院、學校等地方。

5. 結語

　　本章從通路管理的角度，說明建構新的通路如何達到顧客創造的目的。雀巢日本的咖啡大使包含以下三個部分。

　　(1)找出在既有通路中，沒有接觸點的顧客

　　(2)克服既有通路中應對顧客時的限制

　　(3)建構與應用直接通路，吸引更多顧客加入

　　製造商建構出具體的新通路，提供顧客更合乎他們需求的產品，並直接管理這些產品與通路。對製造商而言，這不僅能找出既有通路中沒有接觸點的顧客，也能克服既有通路中應對顧客的限制，從顧客那裡獲得更完整的意見。這在問題發現與問題解決上都有一定的幫助，讓製造商能在既有通路之外，再開創出一條新的通路，並能有效管理這條從製造到販賣皆相當堅實的通路

　　目前的通路管理做法中，注重的不再是一次性的交易，而是持續性的交易。製造商多會試著與通路成員建構持續性關係，特別是與顧客間的長期關係，以達到通路管理的目標。

第5章

❓ 問題思考

1. 雀巢日本為什麼會以便宜的價格販售「Barista」咖啡機呢？試思考其理由。

2. 一般認為，咖啡產業較容易建構起持續性的商業模式。試思考其主因。

3. 為什麼雀巢日本不僅透過一般家電販售店的通路販賣「Barista」（咖啡機亦屬於家電產品），也透過超市販賣「Barista」呢？試思考其理由。

進階閱讀

石原武政・竹村正明編著『1からの流通論』碩学舎、2008年

清水信年・坂田隆文編著『1からのリテール・マネジメント』碩学舎、2012年

參考文獻

内田和成『ゲーム・チェンジャーの競争戦略：ルール、相手、土俵を変える』日本経済新聞社、2015年

『コーヒー・ビジネス最前線―大特集コーヒーの売り方《最新研究》』 旭屋出版MOOK、2010年

嶋口充輝『仕組み革新の時代―新しいマーケティング・パラダイムを求めて』有斐閣、2004年

嶋口充輝・内田和成編『顧客ロイヤリティの時代』同文館出版、2004年

第 6 章

以交流達成顧客創造
迅銷 Heattech

1. 前言

　　廣告可以將產品的各種資訊傳達給消費者。不僅如此，有時候還可以讓消費者對產品或品牌留下深刻印象。譬如NIKE原本是一個默默無聞的製鞋廠商，在它成為全球性品牌的過程中，廣告就扮演著重要角色。而近年來的日本案例中，較有名的是由威士忌與蘇打水調製而成的高球雞尾酒。原本人們對高球的印象是幾十歲的中年男性在喝的雞尾酒。不過最近這幾年，在大規模的宣傳下，變成了許多年輕女性喜歡的酒精飲料，創造出了與過去的高球不同的價值。

　　廣告有著大幅改變產品價值的功能，但並不是隨便弄個廣告給消費者看，就能達到廣告的目的。要是消費者對產品沒有興趣的話，根本就不會注意到廣告，就算對產品有興趣，也可能看過就忘。所以，當廠商想用廣告與消費者交流時，如何表現出廣告產品與其他產品的差異，就成了很重要的一件事。廠商與消費者的交流不能制式化，而是要依照消費者對產品的熟悉度，分成不同階段，一步步讓消費者深入瞭解產品。要做到這點，就必須熟悉各種廣告媒體的功能，善用各種廣告媒體的組合，才能達成廣告的目的。本章將以迅銷公司（Uniqlo）的Heattech為例，說明消費者認識產品的起點——媒體組合，以及媒體組合的管理。

2. Heattech的交流

◇保溫型貼身衣物

　　迅銷公司（以下稱Uniqlo）於二〇〇三年起開始販賣以發熱保溫材料製成的功能性貼身衣物——「Heattech」系列產品。自發售以來，不分男女老少，所有消費者都是他們的目標客群。Heattech的功能包括保溫、抗菌、快乾、防靜電、延展性高、無臭等，是有許多功能的產品。在開始販售的二〇〇三年，銷售量不滿150萬件；不過到了二〇一二年十，累積銷售量已超過1億3,000萬件。在這之後，Uniqlo也推出Silky dry、Bratop等高品質且重視功能性的產品，不過Heattech仍被視為這些功能性產品的先驅。

　　功能性貼身衣物在Heattech產品問世以前便已存在。婦女用的保溫性貼身衣物、登山者穿的運動用貼身衣物等皆為其代表。各大廠商以易著涼的女性，以及工作或運動時會處於寒冷環境下的人們開發出這些防寒貼身衣物。廠商判斷人們有防寒貼身衣物的需求，於是大筆投資生產，但銷售量似乎不如預期。舉例來說，即使某些婦女擔心會著涼，卻會猶豫要不要穿上這類防寒貼身衣物，就算穿上了，也會自虐式的說這是「老人衣」。這表示傳統的功能性防寒衣物缺少時尚感，穿上這些衣服會產生負面觀感。

第 **6** 章

◇內衣時尚

看到這種現狀，Uniqlo想試著為過去被稱做老人衣的產品添加時尚性，製成兼具功能與時尚的產品。於是Uniqlo把焦點放在保溫性貼身衣物於防寒以外的效果。那就是，穿上這些保溫性貼身衣物後，因為可以防寒，所以不必再穿上厚衣服，而是可以穿上較輕薄的衣物度過冬天。若衣服厚重，看起來會很「臃腫」而失去時尚性。不過，如果穿上保溫性貼身衣物，就不用穿得那麼厚了。Uniqlo把焦點放在這裡，提出「冬天也可以穿得很輕薄，這是新的穿衣風格」的概念，著手進行Heattech的開發。而Heattech也確實提供了新的價值，讓消費者在冬天也能保有時尚感。

不過，負面印象一旦固定下來之後，要改變並沒有那麼容易。即使成功改變人們對防寒貼身衣物的負面印象，在模仿他廠產品的難度沒那麼高的服飾業界，一定很快就有人會開發出類似的產品上市。為了防止消費者外流到其他競爭廠商，Uniqlo必須打造出一個與過去產品的印象完全不同的新產品，並與自家品牌的形象結合在一起。因此，Uniqlo必須在與消費者交流時，將自家產品與其他產品的訴求做出差異化，在交流階段中用到的媒體組合也必須統一使用的資訊。

◇訴求點的差異化

Uniqlo在Heattech廣告中表現出他們對產品的堅持。為了讓消費者認知到Heattech是功能性貼身衣物，Uniqlo在廣告中的訴求著重於產品功能與特徵。近年來，隨著產品的日用品化，產品間的功能差異越來越小，所以廠商的廣告常著重於產品以外的層面，譬如請著名藝人代言。另外，服飾界中的產品品項琳瑯滿目，有貼身衣物，也有穿在外面的衣物。許多人是在實體店面決定要購買什麼樣的衣服，所以廣告的目的通常是促使客人拜訪店面。因此，比起產品本身的特徵，廣告通常會把焦點放在模特兒、藝人等人物角色上，藉此提升品牌形象。相反的，Uniqlo卻堅持在廣告中說明Heattech的產品功能，藉此與同業大部分公司的廣告做出差異化。

第 6 章

◇與消費者的交流

在Heattech的廣告策略中，Uniqlo會先設定好與消費者的交流階段，並依照各個階段的特徵，用不同媒體的組合打廣告，以活用各種媒體的特性。在買下產品以前，消費者會經過許多個不同的階段。包括認識與理解產品的階段、對產品產生主觀印象的階段，以及購買前重新檢視產品優劣的階段。每個階段中應使用的媒體與廣告策略各有不同。

首先，在人們還不瞭解Heattech是一種功能性貼身衣物，以及功能性貼身衣物有多好用之前，Uniqlo必須先讓消費者理解產品本身的功能。因此Uniqlo先將電視廣告的焦點放在產品的功能上。這種策略使Heattech這個品牌的知名度大為提升。不過，即使短短15

秒內的電視廣告讓人們可以記住品牌的名字,要瞭解Heattech的特徵並不是件容易的事。因此Uniqlo又買了許多報紙廣告,詳細說明Heattch是什麼樣的技術。與其他廣告媒體相比,報紙廣告的讀者仔細看過廣告內容的可能性相對較高,故報紙可以說是加深消費者理解產品的適當媒體。

不過,就算消費者瞭解保溫性貼身衣物的功能,也不代表貼身衣物在消費者心中的印象有所改善。如果消費者還是對它有「老人衣」的負面印象的話,光是理解產品功能也不會想要購買。因此Uniqlo的產品訴求的不僅是Heattech功能,也強調它的時尚性,希望能藉此改善消費者心中的負面印象。在Heattech的廣告中,Uniqlo不只想辦法提高產品的認知度,也邀請藝人、外國模特兒代言,讓消費者瞭解到就算是功能性貼身衣物,也可以穿得很時尚。另外,Uniqlo也在最容易接受潮流的都市宣傳,在各交通要道的看板刊登大型廣告,希望能讓都市的時尚性與Heattech的功能性產生連結。

然而,就算消費者瞭解產品,改善了對產品的印象,也不代表產品就一定會大賣。消費者在購買產品的時候,會仔細檢視價格、顏色、大小等詳細資訊,判斷值不值得購買。所以在消費者即將購買時,Uniqlo開始大量分發傳單,傳單上有Heattech產品的價格、大小、顏色、款式等資訊。這些資訊可以讓正在猶豫要不要購買產品的消費者做出決定。另外,Uniqlo為了經營實體店面,會希望顧客能親自到店內購買Heattech產品。於是交通要道上的廣告就成了Uniqlo與消費者的接觸點,消費者出門的時候會順道繞到Uniqlo的實體店面,實際看看Heattech產品長什麼樣子,並購買相關產品。

　　綜上所述，Uniqlo會活用各種媒體的特性，在與消費者交流的不同階段中，使用適當的媒體組合。但光是這樣還不夠。在與消費者的交流階段中，即使活用各媒體特性，也不一定能讓消費者對Heattech產品有一貫的印象。所以Uniqlo在使用多種媒體的同時，亦要求各媒體的基本宣傳內容與訴求重點需統一。當廠商想活用各媒體的特徵，在不同媒體上選用適合該媒體的表現方式與視覺時，常難以統一他們的品牌印象。Uniqlo在統一宣傳內容與訴求點後，順利讓消費者理解他們的產品，而且消費者一想到功能性貼身衣物，馬上就會聯想到Heattech產品。對Uniqlo的競爭對手來說，這成了阻撓他們搶走顧客的強大障礙。只要功能性貼身衣物＝Heattech的連結印象夠強，就算競爭對手推出類似的產品，消費者也不大會改買其他競爭對手的產品。

第6章

3. 交流階段的媒體設計

　　以上我們透過Heattech的案例，說明了廠商與消費者在不同的交流階段中，媒體廣告所扮演的角色，以及媒體組合的運用。消費者在下手購買產品之前，會經過很多個階段。在每個階段中，廠商都需藉由媒體廣告一點一點改變消費者。這又稱做廣告的交流效果。就像我們前面提到的，如果每個階段的廣告都完全一樣，那麼就算廣告的規模很大，也不會有什麼效果。另一方面，如果只有設定銷售量或銷售額這種單純的目標，通常很難讓員工理解這是想透過什麼樣的媒體達到什麼樣的效果。在銷售額或銷售量這種大目標底下，還得設定細部的目標。廣告領域中將這種目標稱做交流目標。消費者對產品的感覺會持續改變，所以廠商與消費者的交流也應跟著改變，在各個階段設定不同的目標。消費者的改變包括意識或認知的變化、印象的變化、購買意願變化等等。產品的銷售量與銷售額也會隨著消費者的改變而一步步擴大。另外，廠商也要有能力判斷是否有達成當下階段的目標，做為決定下個階段的廣告方式的參考。接著就讓我們來看看各階段的做法吧。

專欄 6-1

廣告的交流效果

　　如同我們在正文中提到的，要看出廣告是否有效果並不是件容易的事。若要分析廣告的效果，需將與消費者的交流分成多個階段，並為每個階段分別設定目標，而 AIDMA 就是這種分析框架的代表。AIDMA 模型將消費者的行動分成了 Attention（注意）→ Interest（關心）→ Desire（欲求）→ Memory（記憶）→ Action（行動）等階段。本文將分成認知度、態度、購買意願等三個階段來說明。這些階段分別對應到消費者的認知性反應、情緒性反應、行動性反應，常被用來分析廣告效果與品牌效果，這些效果也被稱做階層效果，都是在累積一個個效果之後，才讓消費者做出購買行動。不過，也有人反對這樣的框架，這裡介紹其中兩種情況。第一，有些人認為，這種將消費者行動分成許多階段的做法，只限於與消費者密切相關的產品。許多人都曾有過衝動購物的經驗，買下對自己來說沒那麼重要的產品，一次跳過了許多階段。這種在沒有完全理解產品的情況下的購買行動，就無法用 AIDMA 模型解釋（岸志津江、田中洋、嶋村和惠《現代廣告論》有斐閣 ARMA，二〇〇八年）。第二，隨著資訊環境的改變，我們需要設計新的框架來描述目前消費者的購物行動。在過去以主流媒體為中心的資訊環境下，消費者只能被動接受資訊。不過在網路社會中，消費者可以輕易透過網路查詢資訊、散播資訊，和以前有很大的不同。電通用 AISAS 模型來描述這種更為主動的消費者行為，包括 Attention（注意）→ Interest（關心）→ Search（搜尋）→ Action（行動）→ Share（分享）等階段，可以說是網路時代興起的購物行動。

第 **6** 章

◇產品的認知、理解階段

瞭解產品的品牌名稱、特徵、功能的階段，稱做產品的認知、理解階段。要推出一個消費者完全陌生的產品時，首先要以提升消費者的認知度與理解度為模標。不只是新產品，在大量產品推陳出新的現代，即使是既有產品也可能會被消費者逐漸遺忘。因此，就算是既有產品，也必須持續改善消費者對它的認知與理解。

在產品的認知與理解階段中有兩個目標，分別是讓消費者認知到品牌名稱，以及讓消費者理解產品本身。就前者而言，電視廣告是個很有效的方法，可以一次接觸到許多消費者。另一方面，若想讓消費者理解產品，則必須將產品的具體功能或效果說明給消費者聽。就這點來說，電視廣告有其極限。就像我們在Heattech中看到的，報紙等文字媒體可以促使消費者仔細閱讀廣告文案，而若想提高消費者的理解度，實體店面的販售員與其他工作人員則可起到很大的作用。面對面交流的時候，他們能立即回答消費者的疑問。

◇態度階段

對產品抱持主觀印象的階段，稱做態度階段。知道產品名稱，理解產品特徵之後，消費者會對該產品產生喜歡／討厭、好／壞的印象。消費者對產品的印象來自它的功能與特徵，但因為牽涉到喜好，所以通常也包含了情感要素。

若想提高在消費者心中的情感印象，可以拍攝電視廣告之類的影片，或是在精緻的時尚雜誌上刊登廣告，這些方法的效果都不錯。這時候，讓消費者留下印象的就不是技術層面的優劣，而是消

費者對廣告中模特兒或藝人的喜好。消費者對他們的印象，會影響到對產品的印象。若消費者喜歡廣告中的藝人或模特兒，這種喜歡的感覺就會透過廣告轉移到產品上。Uniqlo會請國外模特兒、著名藝人、專業人士穿上他們的衣服來拍廣告，就是希望能達到這樣的效果。在都市交通要道上的看板廣告也有類似的目的。時尚多發自於都市內部，所以人們會覺得市中心的看板或大型廣告是組成都市時尚的要素。

◇購買意願階段

第6章

　　即使消費者對產品理解得再多，對產品的印象有多正面，也只是「未來可能會購買」而已，仍處於「檢視是否要購買」的階段。不過，就算都是「未來可能會購買」，今天要買、明天要買，或者下週要買時，消費者想獲得的資訊也都不一樣。到了即將要購買的階段時，消費者會再檢視自己的生活情況，思考是否要購買。就算一件衣服的價格在預算之內，消費者也會思考這件衣服和自己已經擁有的衣服有沒有撞色，或者在自己是不是真的會穿上這件衣服，然後才決定要不要購買。既然如此，消費者就必須知道衣服的價格、顏色、大小等資訊。這個階段稱做購買意願階段。這個階段中的消費者已經在考慮購買了，如果能獲得較具體的資訊的話，有助於消除消費者心中的不安。另外，釋出特賣資訊或發送廣告贈品（novelty item）等做法可以讓消費者有種賺到的感覺，有助於促進銷售量。這個階段很適合發送廣告傳單。廣告傳單上可寫明具體的產品規格，譬如顏色、大小等，以及特賣等促銷活動的資訊。以

Uniqlo為例,他們在市郊有許多零售店面,週末時會發送許多廣告傳單。

為了吸引消費者購買,與做為購買地點的實體店面在距離上越接近的廣告媒體,就越適合在這個階段中使用。與購買地點最接近的廣告媒體是實體店面的商品展示。不僅簡單明白,也可以展現出商品的魅力,故這些商品展示可以說是賣場最重要的廣告媒體。以Uniqlo的實體店面為例,簡單大方、色彩鮮明的賣場就是最重要的廣告。消費者走出家門後所看到的大型看板廣告(也稱做OOH媒體,Out of Home Media)也和購買地點相當接近,可以吸引消費者前往購買商品。

綜上所述,廠商需瞭解各種媒體的特性,於不同的交流階段時,使用不同的廣告。不過,如果一味追求不同廣告的特性,可能會讓透過不同廣告媒體獲得資訊的消費者產生不同的印象。因

【圖6-1 Heattech 的媒體組合】

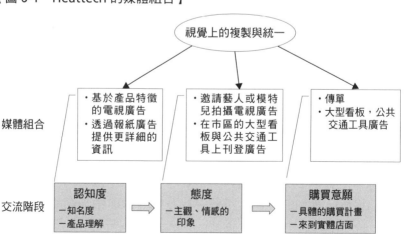

此在活用各種廣告的特性時，也必須累積、建構出一套完整的形象。光是活用各種廣告的特性，沒辦法創造出「功能性貼身衣物＝Heattech」的品牌印象或產品類別。所以Uniqlo在製作各種媒體的廣告時，也致力於視覺上的複製與統一，希望能藉此讓消費者瞭解更多Heattech的資訊，將廣告與品牌印象連結起來。

◇新媒體登場

說到近年來突然竄起的網路媒體，其廣告欄位多僅侷限於橫幅廣告。不過，如果將網站上的企業資訊也視為廣告的話，會有更多的討論空間。網路媒體擁有過去媒體所沒有的「交流雙向性」、任何時候都可以接觸到消費者的「便利性」，以及可讓許多消費者觀賞影片／參與遊戲的「大容量性」，故可對應到前面所提到的所有交流階段。舉例來說，以SNS（社群網站）傳播資訊出去時，屬於認知階段；播放宣傳產品的影片或電影時，屬於態度階段；讓消費者透過智慧型手機使用優惠券，則屬於購買意願階段。Uniqlo在自家網站上貼出來的產品資訊、優惠券、影片分享網站UNIQLOCK（目前已停止營運）等，都分別對應到不同的交流階段。

網路的這些特性會帶來新的購買行動。消費者可能會在實體店面蒐集資訊，再到網站上購買，這又稱做展廳現象（showrooming）。消費者也可能再網站上獲得產品的相關資訊，然後到實體店面確認產品情況並購買，稱做On To Off現象。

專欄 6-2

柳井正 迅銷公司的董事長兼總經理

　　柳井先生是迅銷公司的經營者，他打造的 Uniqlo 品牌主要販售日常服裝，在日本全國各地都設有分店，現在更成長為一家全球企業，是日本代表性的經營者。Uniqlo 採用 SPA 的零售商業模式，並因此快速成長。他曾從社長一職退下，復職後陸續推出 Heattech、Bratop 等產品。說到柳井社長時，常會提到他的商業模式革新，以及近年帶領日本企業走向世界等經歷。其中，柳井社長特別強調失敗與嘗試錯誤的必要性。譬如在廣告方面，柳井社長認為不能因為害怕失敗就把廣告工作全權交給廣告公司。現在 Uniqlo 正與佐藤可士和等著名的設計師合作，不過廣告的概念多是由 Uniqlo 這一方提案。而且，這些廣告概念必須站在消費者角度思考才行。這是柳井社長自己從廣告的失敗中學到的原則。在 Uniqlo 於市郊大舉展店的時期，發放廣告單是他們常見的宣傳手法。不過，當 Uniqlo 開始在市中心展店時，這種做法就不怎麼適用了。另外，當年為慶祝股票上市，Uniqlo 推出了一個電視廣告，廣告中有一位關西地區的中年婦女在 Uniqlo 櫃台當場脫下衣服說「我要換一套」。當時 Uniqlo 想在廣告中傳達的是「我們提供商品交換的服務」，卻因為遭到許多消費者的抗議而撤掉廣告。

　　Uniqlo 從這次事件中學到，廣告並不是單方面地「傳達」訊息給消費者，讓消費者「收到」訊息才是重點。不過，廣告的嘗試錯誤並沒有到此結束。現在的 Uniqlo 與前面提到的著名設計師合作、在日本國外設立旗艦店、免費發放大量新產品、在 UNIQLOCK 等社群媒體上宣傳時，都會活用各式各樣的素材，摸索他們的廣告效果。

　　綜上所述，新型消費者行動使各個交流階段中媒體所扮演的角色產生了重大變化。若消費者透過網站購買，為了避免買錯東西，可能會先到實體店面瞭解產品。也就是說，消費者會在實體店面加強對產品的認知與理解。另一方面，如果消費者覺得在網站上購買產品不太放心，而到實體店面購買時，則會利用網站積極蒐集相關資訊。這時候，消費者就是在網站上加強對產品的認知與理解。網站可以對應到許多交流階段，隨著其他媒體的改變，網站的使用方式也會跟著變化。

第6章

4. 結語

在本章中，我們首先學到的是製作廣告時，必須與其他產品的廣告做出差異化。若非如此，就不容易讓消費者留下印象。而在做到廣告差異化的同時，廠商也要透過廣告與不同階段的消費者交流。製作廣告時，不能只想著要如何快速提高銷售量與營業額，而是要設定好不同的交流階段，逐漸改變與消費者間的交流階段。另外，在媒體上推出廣告時，必須仔細暸解各種媒體的特性，在不同的交流階段選擇適當的媒體組合。如果只是一個勁的推出電視廣告，對營業額並不會有太大的幫助，就算請來高知名度的藝人，效果也不一定好。

再來，活用各種媒體特性的同時，也得注意要統一各個媒體上的廣告傳達給消費者的印象。與競爭對手做出差異，並打造出統一感，是經營品牌力量的重點。

❓問題思考

1. 請瀏覽Uniqlo的網站與社群網站頁面，思考這些網站分別對應到交流階段中的哪個階段。
2. 試思考專欄中沒有提到的交流階段，與這些交流階段對應的媒體有什麼樣的特性？
3. 在Heattech的案例中，若希望消費者多次回頭購買Heattech產品，應該要使用哪種媒體，才能發揮最大的效果？

進階閱讀

第6章

岸志津江・田中洋・嶋村和恵『現代広告論』有斐閣アルマ、2008年

田中洋・清水聰　編『消費者・コミュニケーション戦略』有斐閣アルマ、2006年

水野由多加・妹尾俊之・伊吹勇亮『広告コミュニケーション研究ハンドブック』有斐閣ブックス、2015年

參考文獻

岸志津江・田中洋・嶋村和恵『現代広告論』有斐閣アルマ、2008年

栗木契・余田拓郎・清水信年　編『売れる仕掛けはこうしてつくる』日本経済新聞社、2006年

松下久美『ユニクロ進化論』ビジネス社、2010年

柳井正『一勝九敗』新潮社、2003年

柳井正『成功は一日で捨て去れ』新潮社、2009年

日経MJ 2011年10月7日

日経産業新聞 2013年10月21日

朝日新聞社広告局ウェブサイト

第 7 章

顧客理解
LION 公司
「Ban 汗 Block Roll-On」

1. 前言

正在閱讀本書的您，應該有過回答「問卷」的經驗吧。我們的周遭有許多填寫問卷的機會，譬如在餐廳、百貨公司填寫的顧客問卷、購買家電時填寫的購買問卷、為大學課程打分數的教學意見調查表等。可能也有不少人會參加『回答問卷就可以獲得○○！』之類的活動。近年來盛行的則是透過智慧型手機或電腦回答的問卷。另一方面，參加過「訪談」的顧客應該不多。不過，有些廠商會透過訪談聽取大學生的意見，或者與大學教授合作研究，希望他們能幫助企業開發新產品。您有沒有過被訪談的經驗呢？

這些問卷或訪談都屬於「市場調查」。前面我們學過了各式各樣的行銷策略，然而要實行這些策略，都必須先瞭解消費者才行。本章將以著名的止汗劑品牌，LION公司的「Ban汗Block Roll-On」為例，說明市場調查的步驟，以及在行銷過程中的角色。

2. LION公司「Ban汗Block Roll-On」的市場調查

◇「讓您不需在意腋下汗漬的止汗劑」Ban汗Block Roll-On 誕生的背景

各位應該曾在各大藥妝店看過止汗劑商品吧。就和許多日常用品一樣，止汗劑也有許多品牌。

本章提到的「Ban」是LION公司（以下稱LION）的止汗劑長銷品牌，而「Ban汗Block Roll-On」則是這個長銷品牌近期推出的產品線。讓我們以這個產品所引起的熱潮為例，學習什麼是市場調查吧。

Ban的品牌負責人（行銷主任）為了在止汗劑市場上獲得更大的市佔率，開始思考新的產品策略、產品改良策略，以及產品線的變更策略。於是，他以20歲～30歲的女性為目標客群進行市場調查。以下讓我們來看看他是如何進行市場調查的。

以往止汗劑市場所訴求的「利益」（benefit）主要可分為兩類。第一類是嗅覺上的訴求，希望能防止身體傳出汗臭（異味），屬於預防上的需要；第二類是觸覺上的訴求，希望能降低皮膚上黏答答的汗液造成的不適感，屬於處理上的需要。不過，當時已有許多產品能夠提供這些「利益」。於是，Ban的行銷部門便把焦點放在「腋下汗漬」這個與汗有關的煩惱上，思考如何在行銷提案中描述能夠解決這些問題的產品。

第7章

與這個問題有關的背景包括進入社會的女性增加，以及衣物材質的改變。進入社會的女性在搭電車通勤時，以及工作緊張時，常因流汗而留下汗漬；而近年來以輕質材料或化學纖維製成的衣物越來越多，使衣服的汗漬變得特別明顯。

過去人們常用腋下吸汗墊來預防衣服產生汗漬，預防衣服上的汗漬並不是人們使用止汗劑的目的。也就是說，汗漬被人看到時會覺得尷尬，過去卻不曾有哪個止汗劑產品以「使用這款止汗劑後，就不怕別人看到你的汗漬了」為訴求吸引消費者。

◇為瞭解消費者需要的市場調查與問卷調查

意識到這個問題後，行銷團隊建立了兩個假說，分別是「女性會煩惱該如何消除衣服上的汗漬」以及「市場上需要能夠消除汗漬的商品」。於是行銷團隊以止汗劑為主題，邀請多位20～30歲的女性進行集體訪談。

實際訪談時，行銷人員觀察到了意料之外的現象。那就是「汗漬」是女性時常碰到、時常討論的話題。過去LION也曾經以止汗劑為主題，邀請多名消費者參加訪談，但以前的訪談從來沒有討論得那麼熱烈過。LION推測，這是因為過去的訪談主題都圍繞在「異味」上，然而多數女性卻希望能避免談到氣味，特別是自己的異味。也就是說，多數女性只會提出「雖然自己不大會發出異味，卻會十分注意自己有沒有異味」、「看到其他人因為發出異味而出糗的時候，自己也會覺得應該要特別注意」之類的言論，像是在描述其他人的情況一樣，自然就不會討論得很熱烈。

不過汗漬剛好相反，許多人都很樂意分享自己因汗漬而感到困擾的故事。參與者會說出「以前拍團體照的時候，如果要做舉手的pose，就會照到我的汗漬，實在很尷尬」、「穿灰色的衣服時，汗漬就會特別顯眼」、「因為很在意汗漬，所以在電車內都不敢舉手抓住吊環」、「因為有些在意腋下的汗水，在聯誼的時候不太敢幫人分菜，無法展現女性優勢」、「腋下永久除毛以後，就一直很在意汗漬」等相當具體的故事，彼此產生共鳴。

在這個訪談中，LION明確瞭解到，這些女性覺得汗漬被其他人看到的話會很尷尬，不過和腋下異味相比，汗漬比較不是什麼禁忌的話題。甚至可以說，許多女性已經放棄要消除汗漬了，「反正過去的止汗劑都消除不了汗漬，那也只能這樣了」。換句話說，與汗漬有關的尷尬經驗常被女性當成聊天時的談資。

透過訪談，行銷部門確認到「許多女性幾乎已放棄處理腋下汗漬的問題，還把這當成自我調侃用的話題。但她們仍煩惱著這個問題，並希望能解決它」這個假說幾乎正確。不過，集體訪談的結果也只是「少數人的意見」，所以LION對這個結論還是有些懷疑。

於是，LION重新找了640名女性，透過問卷調查的方式詢問她們對腋下汗液的看法。結果顯示，腋下汗液讓她們困擾的主要原因依序為「氣味」（51%）、「汗漬」（34%）、「黏膩感」（15%）。這個結果讓LION確認到，確實有一定比例的人深受汗漬問題之苦。

第7章

◇從概念開發到發售的調查

參考訪談、問卷調查結果，LION開發出了新概念的Ban產品。那就是能"劇烈"抑制汗液分泌的止汗劑。研究小組發現，過去的止汗劑之所以不能消除汗漬，是因為止汗劑成分不易吸附在皮膚上（止汗劑吸附在皮膚的狀況越差，止汗劑的效果就越差）。於是研究小組開發出新技術，用負離子聚合物，讓奈米級粒子止汗成分緊貼在皮膚上，藉此堵住汗腺以抑制分泌汗液【圖7-1】。

LION提出了「"劇烈地"抑制汗液分泌，讓消費者不再因腋下汗水而尷尬的止汗劑」這個概念。這裡的概念指的是「提供給目標顧客的價值」（廣田章光「概念設計」《從零開始讀懂產品開發》，日本碩學舍、2012年 p.108）。商品名稱「Ban汗Block Roll-On」，以及宣傳詞「解決腋下汗液問題！不再為汗漬煩惱！」也是在傳達這個概念，藉此讓消費者了解產品的益處。

讓我們來看看更詳細的產品規格吧。產品裝在小容器內，做成護唇膏般的樣子，方便女性（目標顧客）將產品塗在腋下，就像使用化妝品一樣。另外，消費者對汗漬有著「如果能去除的話最好，但我已經放棄了」的煩惱，所以LION必須先讓消費者自己意識到有這樣的需要。為了讓消費者在實體店面看到這項產品時，能馬上理解這項產品帶來的益處，LION將產品包裝盒上的顯眼處寫出宣傳詞，並將一般人可能會覺因汗漬而感到尷尬的情況（早上選擇要穿哪件衣服時、在電車內抓住吊環時、有他人靠近時）也寫在包裝盒上，希望能藉此引起消費者更名。

　　之所以會寫得那麼詳細，是因為LION想要確認「"劇烈地"抑制汗液分泌，讓消費者不再因腋下汗水而尷尬的止汗劑」這個概念能否被消費者接受，故LION還準備了概念實驗的問卷，想知道消費者是否確實瞭解到LION想提供的價值。另外，LION也準備了包裝實驗，想確認消費者是否接受包裝設計與包裝上的宣傳字樣。

　　概念實驗以問卷形式進行，包裝實驗則是架設一個像是實體店面的貨架，再於貨架上陳列Ban汗Block Roll-On，以及由自家公司、其他公司生產的競爭產品供消費者選擇，這也叫做貨架實驗。另外，正式發售前也進行過使用實驗，邀請消費者實際使用產品。

　　經過這些實驗後，LION終於在二〇一四年二月時，開始發售Ban汗Block Roll-On。開售時的電視廣告中，女藝人特林德爾·玲奈在通勤電車上抓著吊環，即使把手舉高也看不到汗漬。這個廣告的目的就是透過「抓著吊環」的情景，顯露出女性顧客相當在意的腋下汗水問題，藉此宣傳產品的價值。另外，LION也在各公共交通工具上刊登廣告，向更多在意腋下汗漬的電車乘客宣傳。不僅如此，LION也與著名插畫家進藤Yasuko合作，以集體訪談中各個女性因汗漬而尷尬的經驗為題材，繪製「腋下汗水女子的生態圖鑑」，刊載在電車廣告和網站上。

第7章

◇「Ban汗Block Roll-On」的顧客創造與市場擴大

Ban汗Block Roll-On透過以上提到的行銷活動，在以往多訴求「減輕異味」、「保持清爽」的止汗劑市場中，喚起了「抑制汗漬」這個新的需求。結果在二○一四年，LION的Roll-On系列的銷售額增為前一年的217%。而且不僅是LION，整個Roll-On市場也因此成長到了前一年的130%。根據《日經TRENDY》的統計，Ban汗Block Roll-On是二○一四年前三十項熱銷商品中的第五名，是十分熱門的產品。另一方面，由發售後的問卷調查，LION也進一步瞭解到了新的需求。該商品於二月發售，日本的二、三月仍是可能降雪的寒冷時期，Ban汗Block Roll-On卻賣得很好。由三月的顧客問卷調查結果可以知道，因為日本有吹暖氣、穿功能性貼身衣物（發熱衣）的習慣，許多人即使到了秋冬也會一直留汗，穿得又比夏天還要多，反而更在乎自己的汗漬，所以會購買Ban汗Block Roll-On。

行銷團隊由此瞭解到，女性也會煩惱「寒冷時衣服上的汗漬」。故除了以往在春夏等炎熱時期舉辦的行銷活動之外，也加強了在秋冬時期的行銷活動，進而提升了一整年的銷售量。

綜上所述，熱銷產品的背後往往有著縝密的市場調查。以下就讓我們來看看，該如何設計市場調查，以達到顧客創造的目的。

3. 市場調查的設計

　　市場調查是「為了瞭解消費者而進行的資訊蒐集作業」。具體來說，就是蒐集與消費者、市場有關的資訊，用於行銷工作。企業需透過與消費者（市場）的交流來達成行銷目的，而在這個過程中蒐集情報，就是所謂的市場調查。

　　如同定義說的，市場調查只是蒐集資訊的過程。所以就算進行過市場調查，也不代表一定能做出好的產品。不過，瞭解市場調查的方法後，便可有效率地蒐集到真正重要的資訊，並知道要用什麼方法來解決眼前的問題。以下就來說明市場調查的過程。

　　一般而言，市場調查過程的順序為①探索性調查→②驗證性調查。以下將說明這兩種調查的特徵與目的。

①所謂探索性調查，指的是開發新產品或改良產品之前，行銷團隊探索性地調查市場是否能夠接受行銷團隊提出的概念或解決方案。在這個階段中，市場調查的目的是找出消費者還沒發現的潛在需要，以及對目前情況的不滿、想改善之處等外顯需要。

在這個階段中，需讓消費者在回答問題上有一定程度的自由，讓行銷團隊能以獲得的資訊為基礎，為想研究的課題整理出一定程度的結論。這些結論可以用在第3章「以產品達成顧客創造」中所介紹的Idea創造與概念開發等階段。

②所謂的驗證性調查，是就目前正在開發的產品，或者已銷售的產品，調查產品是否真的符合消費者的需要，驗證產品的銷售情況是否符合預期。驗證性調查可以分成發售前的調查與發售後的調

查，以下將依序介紹這兩種調查。

發售前的驗證性調查所驗證的是某項產品的概念／設計是否妥當。簡單來說，確認「這個概念／設計真的沒問題嗎？」就是發售前驗證性調查的目的。另一方面，發售後的驗證性調查則是確認消費者對產品的評價，以用於行銷策略的修正。

如果在產品發售前，就能完全掌握消費者評價的話是最好。但在發售前，不管我們怎麼預測「發售後」的情況，要完全掌握未來才會發生的事是不可能的事。因此，不僅發售前的調查很重要，發售後的市場調查也同樣重要，可驗證行銷策略的結果。另外，企業也可透過發售後的市場調查，瞭解各種行銷策略的效果與當初預測效果的偏離程度。若是出現很大的偏離，則需檢討偏離原因，以及改善的方法。

接下來，我們要介紹的是各種有效的市場調查方法。

在這之前，我們得先介紹調查時獲得的資料種類。資料大致上可分為一手資料與二手資料。一手資料是行銷人員依照欲調查的問題，自行蒐集而來的資料。另一方面，二手資料則來自其他人已蒐集好的資料，譬如報紙／雜誌等主流媒體的資訊、政府／公務單位所發表的各種統計資料、其他企業調查而來的資料、自家公司其他部門或行銷團隊在其他目的下蒐集而來的資料等等。

若想使用一手資料，行銷團隊需自行蒐集這些資料。但蒐集資料需花費一定成本。另一方面，二手資料是已經存在的資料，花費的成本相對較少。但二手資料不一定完全適合用於研究行銷團隊感興趣的問題。而且，因為不是行銷團隊自己蒐集的資料，所以資料

的可信度還得再確認。

　　一般來說，在面對某些問題的當下，通常會先蒐集不大需要成本的二手資料，如果二手資料不足以得到充分結論的話，再著手蒐集一手資料。那麼，蒐集一手資料的方法有那些呢？大致上來說，蒐集一手資料的方法可以分成①質性研究與②量化研究兩種。

　　①所謂的質性研究，指的是將消費者的態度、言語、行動等資料如實記錄下來（蒐集資料實不轉換成數值）。譬如訪談調查與觀察調查就屬於代表性的質性研究。訪談調查中，行銷人員需記錄消費者自己實際說出來的話，以分析消費者的態度與行動。觀察調查則是觀察消費者的實際行為並記錄下來。將訪談調查與觀察調查所蒐集到的資料文字化、影像化後，行銷團隊（調查人員）再依此分析消費者的想法、行動，推導出消費者的外顯需要與潛在需要。

　　質性研究的最大優點在於，行銷團隊可以在訪談或觀察時，依照他們想瞭解的事項，臨機應變地改變問題。譬如說，如果在訪談時，受訪者說「我很喜歡某個商品」，那麼行銷團隊不只可以詢問喜歡該商品的理由，要是那個理由相當特別的話，還可以繼續詢問為什麼受訪者會這麼想。另外，行銷團隊還可以透過受訪者的聲音、表情，推測他有多喜歡這個商品。觀察調查中可以觀察到消費者的一舉一動。不管消費者是有意為之還是無意為之，行銷團隊都可以觀察到消費者最真實的一面。就算消費者的行動與行銷團隊當初預料的情況不同，那也相當有趣。不過，與問卷調查不同，訪談調查與觀察調查無法一次進行大規模調查。所以，只有當行銷團隊想獲得預料之外的回答或行動時，才會用到質性研究。

　　②在量化研究中，行銷團隊會蒐集數值化的消費者態度與行動資訊。譬如問卷調查、銷售量資料、POS（Point of Sales）資料等，皆屬於量化研究。

　　在問卷調查中，會測定消費者的態度或行動，並將其轉換成數值。舉例來說，以上問卷就是詢問「消費者對某產品設計的態度」，並將消費者的答案分成五個等級，以蒐集到五個階段的消費者態度【圖7-1】。

【圖 7-1　一般的問卷調查範例】

您對這個產品的包裝設計有什麼想法呢？

(1)　很可愛

非常同意	有些同意	普通	有些不同意	非常不同意
5 -----------	4 ------------	3 ------------	2 ------------	1

(2)　很帥氣

非常同意	有些同意	普通	有些不同意	非常不同意
5 -----------	4 ------------	3 ------------	2 ------------	1

(3)　很新穎

非常同意	有些同意	普通	有些不同意	非常不同意
5 -----------	4 ------------	3 ------------	2 ------------	1

(4)　有懷舊感

非常同意	有些同意	普通	有些不同意	非常不同意
5 -----------	4 ------------	3 ------------	2 ------------	1

(5)　也想讓別人看看

非常同意	有些同意	普通	有些不同意	非常不同意
5 -----------	4 ------------	3 ------------	2 ------------	1

出處：筆者製作

　　而銷售資料與POS資料則是蒐集購買行動的結果後得到的資料，通常已經是數值化形式。我們可援用統計學的知識，分析這些數值化的資料。譬如我們可以用統計方法來分析「包裝設計的評價越高，購買意願是否也會越高」。

　　問卷調查可以將消費者的態度或行動轉換成特定的數值，透過發放問卷的形式獲得資料。若想一次調查許多消費者的意見時，問卷調查是相當合適的方式。另一方面，問卷調查得到的答案，以及銷售額資料或POS資料測得的數字，都是在預設框架之下得到的資訊，故這些資料不大適合用來發現新的事物。因此，量化研究比較常被用來向多數人確認「這個商品真的夠好嗎？」。

　　讓我們試著用前面提到的「Ban 汗 Block Roll-On」為例，說明如何進行調查吧。這個案子的探索性調查是以20～40歲的女性為對象進行團體訪談，確認「消除汗漬能為消費者帶來益處」的假說是否恰當；並進行概念實驗調查，瞭解「消除腋下汗漬」的需要是

第 7 章

【表 7-1　探索性調查與驗證性調查的差異】

	探索性調查	驗證性調查
目的	探索需要。探索假說本身是否恰當。探索問題本身。	驗證行銷活動是否恰當。
執行重點	對象少也沒關係。不要預設立場，而是要試著解釋從消費者身上獲得的資訊，催生出商品開發的 Idea，或者發現新的需要。	邀請許多消費者為行銷活動評價。要是執行中的行銷策略不妥當，就必須修正、改善策略。
主要調查方法	訪談調查、觀察調查。	利用問卷調查、銷售額資料、POS 資料進行調查。

出處：筆者製作

專欄 7-1

製作問卷時需注意的重點

比起訪談調查與觀察調查，問卷調查通常需要更多的 knowhow。以下將解說製作問卷時應注意的事項。

首先，要建立假說，且問卷中提出的問題必須和假說有關。製作問卷的人常想將各式各樣的項目放入問卷中。不過，對於答卷者來說，分量過多的問卷會造成很大的負擔。故問卷中最好只放入與假說有關的問題。

第二，需注意問題是否妥當。換句話說，需注意問卷中的問題是否能問出問卷製作者想知道的事。舉例來說，若想知道消費者對某商品的好感程度，就不能只問「您喜歡這個商品嗎？」，還要追問「這個商品讓您留下什麼樣的印象？」、「從購買這個商品的經驗感覺到什麼？」，以瞭解消費者對商品的好感度從何而來。

為了確保問題的妥當性，通常會參考過去類似的調查或行銷研究中的問題。特別是學術研究中以論文形式發表的調查資料，設問題目的妥當性常會被拿出來討論（通常論文內也會有相關論述）。聽到要查論文，可能會讓你覺得有些麻煩，不過近年來在網路上也可以查詢論文，請多加利用。

第三，問卷調查中需將消費者的態度與行動數值化。而在數值化的時候，需要用到各種尺度，也就是數值化的規則。尺度大致上可以分成名義尺度、順序尺度、間隔尺度、比率（比例）尺度等四種（詳情請參考另一本書《從零開始讀懂行銷分析》）。

即使詢問的問題都一樣，若尺度不同，可測定的內容就不一樣。而且，不同尺度的資料需使用不同的統計方法分析。因此，製作問卷時需謹慎選擇使用的尺度。

否具有一定的規模。驗證性調查包括發售前的概念實驗、包裝實驗（貨架實驗）、使用實驗，以及發售後的購買者調查，調查結果可用做行銷策略的參考。發售後，廠商針對購買者進行問卷調查，以確認秋冬時的需要。由此可知，熱銷商品的背後，通常奠基於充分的市場調查【表7-1】。

最後，讓我們說明一下探索性調查、驗證性調查分別有哪些該注意的地方，以及執行市場調查時該注意的地方。

探索性調查的目的是為了獲得今後開發商品、改良商品的提示，並蒐集相關資訊以回答目前的行銷團隊感興趣的問題。不過，消費者通常沒辦法馬上提供行銷團隊需要的資訊。

固然消費者會提到某些需改善的缺點或不滿的地方，而這或許能成為開發商品時的提示。然而這些缺點通常早就被其他公司解決，或者正在解決中。另外，假設你今天買了一瓶寶特瓶飲料，卻突然有人問你「為什麼要買這個飲料」、「喜歡這個飲料的哪個地方」，想必你應該也一時答不上來吧。通常消費者並不像行銷人員那樣，無時無刻都在想著要怎麼把商品或服務做得更好。

因此，行銷團隊必須思考如何從消費者口中問出他們想知道的答案，以及如何解釋從消費者身上問到的答案。

第一步是要確定調查的目的。「想透過調查知道些什麼」自然是需確定的目的之一，某些情況下，最好還要先建立假說，假說應與問題的解決方案有關。面對一個問題的時候，我們可以透過蒐集到的資料來驗證假說是否正確，進而預測解決方案是否能夠成功。在探索性調查的階段中，可以像Ban的案例一樣，先建立假說再進行調查工作；也可以在調查的過程中逐步建立起適當的假說。

第7章

專欄 7-2

企業如何進行市場調查？

本章中說明了企業要如何活用市場調查結果。想必您應該也可以理解到，透過問卷調查、訪談調查、觀察調查等，瞭解消費者的心聲，已是企業不可或缺的工作。那麼，企業會如何進行市場調查呢？

首先，企業可以在內部成立相關部門，由他們進行自家商品、服務的市場調查。有些企業會由各品牌的管理者、或是各商品／服務的行銷企劃負責人來管理底下產品的市場調查工作，有些企業則會成立專職部門（在日本常稱做市場調查部）來負責相關工作。這種情況下，企業可以依照自家商品／服務，設計與自家企業的企劃有關的市場調查方案。不過在日本企業中，通常是由輪調的員工來負責市場調查工作。如果員工想要針對某個主題進行市場調查的話，就必須等到輪調到相關部門才行。

再來，企業還可以委託專業的市調公司來進行市場調查。市調公司會承接來自各種企業的委託，包括問卷調查、訪談調查、觀察調查等，分析各家企業的商品／服務。進行市場調查時，必須擁有訪談、觀察的 knowhow，以及與資料分析相關的統計知識。擁有這些知識的企業會專門為其他公司進行市調工作，發揮他們累積的技能與專業知識。不過，如何解釋調查結果，以及如何做出決策，仍取決於委託方。

近年來，有些自己擁有市調部門的公司也會委託專業市調公司協助市場調查工作。如果您對市場調查有興趣的話，不妨也試著找找看類似的工作吧。

　　再來，既然都花了錢進行市場調查，就應該以「找出至今還沒有人知道的事」，或者說是「找出連行銷團隊自己都沒注意到的需要」為目標。因此，進行市場調查的時候，不應受限於既有觀念，而是要發揮想像力，反覆思考調查結果的意義。

　　特別是潛在需要這種東西，連消費者自己都沒有注意到，所以要挖掘出潛在需要並不是件容易的事。不過，消費者的訪談資料、觀察調查資料中常藏有潛在需要的線索。解釋調查結果的方式，會大幅影響到之後的行銷策略，所以最好要多下點工夫在這個部分。

　　另一方面，驗證性調查的目的則是確認「這樣真的行得通嗎？」，所以基本上是以假說驗證為調查工作的主軸。舉例來說，當行銷團隊想在某個產品發售前，瞭解產品的概念是否能提高消費者的購買意願，可提出「當消費者瞭解到產品的○○概念後，會提高消費者對該品牌產品的購買意願」這樣的假說。如果數值資料支持這個假說的話，就可以一定程度地預測到發售的成功。

　　最後要說明的是市場調查工作中，整體上該注意的重點。所謂的市場調查，是在市場上蒐集相關資訊的工作。但別忘了，市場調查的目的是要蒐集「以前不知道的資訊」。

　　而市場調查中，最重要的是基於調查結果所做出的決定、做出的行動。做再多資訊蒐集工作、分析出再多結果，要是沒有利用這些結果的話，調查工作就都白費了。市場調查是從消費者，也就是他人身上蒐集資料，所以結果很有可能與自己猜想的樣子不同。不過，不管結果或結論是什麼樣子，一定都有他的理由。探究造成這種結果的原因，遠比分析出想要的結果還要重要。做市場調查工作時，一定要把這點牢記在心。

4. 結語

本章中我們介紹了市場調查的過程與方法。市場調查需依照一定的步驟進行，而且不同類型的問題，應選擇不同的方法調查。各位以前可能會把「調查」想成是「要先預設某個結果，調查結果必須符合這個預設的樣子」。不過，調查工作中真正重要的其實是「以從消費者身上獲得的資訊為基礎，反覆研究分析後用於決策上」。而且，蒐集了再多資訊，也不代表可以得到自己想看到的資訊，得到自己想看到的結果。

因此，進行市場調查工作時，最重要的是在一定程度上依照既定步驟調查，選擇適當的調查方法，然後下工夫努力分析「為什麼會得到這樣的資料或結果」。

❓問題思考

1. 請瀏覽LION公司的止汗劑品牌「Ban」的網站首頁，思考這個商品的目標顧客是那些人。

2. 試分析問卷調查與訪談調查分別有哪些①優點、②缺點、③適合用來分析什麼問題，列表說明。

3. 試從書籍、報紙、雜誌等文章中，尋找「因為進行過市場調查而熱銷」的商品。他們是用什麼方式進行市場調查，調查結果又是如何影響決策的呢？

進階閱讀

高田博和・奧瀬喜之・上田隆穂・内田学　編著『マーケティングリサーチ入門』PHP出版、2008年

恩蔵直人・冨田健司　編著『1からのマーケティング分析』碩学舎、2011年

第7章

參考文獻

佐々木壯太郎「顧客理解のマネジメント」、石井淳蔵・廣田章光編著『1からのマーケティング』（第12章）碩学舎、2009年

廣田章光「コンセプトデザイン」、廣田章光・西川英彦　編著『1からの商品企画』（第6章）碩学舎、2012年

第 II 篇

關係建構的設計

第 8 章

關係建構
GungHo 龍族拼圖

1. 前言

　　一九八三年，任天堂公司開始發售「紅白機」（Family Computer或Famicom）。紅白機以日本為首，瞬間在全世界引起風潮，創造出龐大的家用電視遊樂器市場直至今日。

　　紅白機登場至今已超過三十年，遊戲的形式也有了很大的改變。過去廠商會將遊戲機本體與遊戲軟體分開銷售，玩遊戲時需將遊戲機接上電視。不過現在只要有一台智慧型手機，隨時隨地都可以玩遊戲。以前常有人批評只顧著玩電動的小孩，然而現在透過網路連線遊玩MMORPG（大型多人線上角色扮演遊戲）的玩家卻不是只有小孩，也包括許多大人。

　　事實上，在紅白機之前，任天堂還有出過一款熱銷的遊戲機，叫做「Game & Watch」。這是一款本體與遊戲卡匣結合在一起的攜帶型遊戲機。當然，當年的遊戲機並沒有觸控功能。然而仔細想想，這些遊戲機的玩法和現在其實也沒有什麼不同。現在的人們可透過網路一起玩遊戲，但這不表示以前的小孩玩遊戲時是一個人孤單在家。從紅白機的時代起，遊戲機常會附有兩個控制器。放學後，大家常會聚集到某個同學家，興奮地玩起各種遊戲。

　　不過，遊戲市場也有些地方出現了大幅變化，譬如商業模式。某些在紅白機時代難以實現的商業模式，到了數位時代時卻變成了理所當然。當時的人們應該很難想像，居然有遊戲可以免費遊玩吧。許多智慧型手機上的遊戲都可以免費遊玩。這種商業模式是如何建構出來的呢？本章就讓我們透過現代遊戲的商業模式，學習如何透過「關係建構」這種新的行銷概念來經營遊戲吧。

2. 免費的交易

◇龍族拼圖的抬頭

在日本手機遊戲市場的發展過程中，龍族拼圖（Puzzle & Dragons）是其中一款舉足輕重的遊戲。龍族拼圖將轉珠遊戲、RPG要素在手機遊戲上巧妙地結合了起來，於二○一二年登場時便引起了很大的風潮。開發龍族拼圖的遊戲軟體公司GungHo Online Entertainment的股價也因為這款遊戲而急速上升，在二○一三年五月十三日，GungHo的市值達到1兆5,455億日圓，超過了任天堂的1兆5,342億日圓。遊戲的銷售額也在二○一四年時達到每個月100億日圓。

龍族拼圖是一個可在iOS與Android的行動裝置上運作的遊戲app，可免費下載，遊戲本體可免費遊玩。不過，玩遊戲時需要所謂的「體力」（stamina）。遊戲設定上，這個「體力」需要經過一定時間才會回復。玩家在「體力」不足時就沒辦法玩遊戲，不過只要消耗遊戲內的「魔法石」，就可以完全回復「體力」。這個「魔法石」在二○一六年時一顆賣120日圓，是營運方的主要獲利來源。

除了回復體力之外，魔法石還有幾個其他用途，其中最重要的是購買稀有轉蛋。龍族拼圖的稀有轉蛋與其他手機遊戲中的轉蛋類似，玩家可消耗魔法石抽取轉蛋，獲得遊戲中的強力角色。理所當然的，有了這些強力角色，遊戲也會進行得比較順利。

除了可以用錢購買之外，營運公司也會不定期配發魔法石給玩家。舉例來說，當玩家連續登入五十天時，營運公司就會免費配發

第**8**章

5顆魔法石。另外,在玩家數突破4,000萬人、上市4周年,或者締造類似記錄時,營運公司也會配發免費魔法石,促使玩家花更多時間玩遊戲。

　　玩家若能善用這些魔法石,就算不花錢也可以享受到遊戲的樂趣。雖然營運公司沒有公布購買魔法石的玩家比例有多少,不過一般估計約有3-5%的玩家會這麼做,其中還有不少玩家會花到好幾萬日圓。

◇從盒裝軟體到線上軟體

　　就算是遊戲公司,通常也難以預測哪一款遊戲會大賣。即使投入大筆開發費用與宣傳費用,也不代表遊戲一定會大賣,要是一次投入太多資金的話,會承擔過大的風險。所以各家廠商在開發遊戲時,常會觀察當時潮流,投機性地投資許多相似的遊戲。

　　一開始的龍族拼圖也不例外。龍族拼圖的負責人與開發者都謙虛地說,成功有一半以上是運氣。龍族拼圖的開發費用與其他遊戲差不多,都是數千萬日圓左右,開發時間約為五個月。二〇一四年時,開發團隊僅不到三十名成員,而且這些成員都不是專屬於這個團隊,同時也兼任其他遊戲的開發工作。

　　當然,龍族拼圖實際上的開發過程是由許多企劃堆疊出來的,整個開發過程中一共打掉重練了四次。一開始的遊戲中,珠子移動的方向性受到很大的限制,爽快感不足,也缺乏節奏感;下一版的遊戲中,雖然可以自由移動珠子,卻因此而變得過於簡單。遊戲名

稱方面也曾變更成「Dungeon Puzzle」、「Puzzle & Dungeon」、「Puzzle & Dragon」等名稱。

　　在這種環境下開發出來的遊戲一旦引起熱潮，馬上就會有其他公司模仿這款遊戲的機制推出類似的新遊戲，遊戲開發公司也會著手開發續作，因為續作大賣的機率也比較高。拿以前的盒裝軟體遊戲舉例，「勇者鬥惡龍」熱銷後，市面上便大量出現類似的RPG遊戲，勇者鬥惡龍也出了二、三、四等續作。

　　手機遊戲基本上也是類似的情況。龍族拼圖引起熱潮後，市面上便出現了許多與龍族拼圖類似的遊戲。不過龍族拼圖並沒有馬上推出續作的必要。比起推出續作，對龍族拼圖來說更重要的是更新軟體本身。在反覆的遊戲更新之下，二〇一六年二月時，龍族拼圖已更新到了第八版。

　　更新內容需反映玩家的希望。小如提高玩家可保留的角色人數、增加角色自動排列功能；大如依照玩家希望提高角色能力數值，定期新增難度更高的關卡等等。

　　這種遊戲更新的概念在紅白機的時代幾乎不可能實現。將遊戲軟體放入卡匣或CD-ROM內包裝起來後，這個商品就已經不能再修改了，當然也沒辦法依照玩家的希望更新遊戲內容。相較之下，智慧型手機的遊戲在上市之後，都可以下載修正檔以修正遊戲內的錯誤，也可以增加新的內容、新的故事、修正遊戲內平衡等等。

第 8 章

◇引起熱潮後

二〇一六年二月時，龍族拼圖在日本國內的下載數量超過了4,000萬次。二〇一三年時，「龍族拼圖Z」發售，這是一款在任天堂攜帶型遊戲主機3DS上運行的遊戲，發售三週內，銷售量就突破100萬份，引起了相當大的熱潮。而且龍族拼圖與任天堂仍一直保持著合作關係，二〇一五年四月時，「龍族拼圖 超級瑪利歐兄弟版」發售，任天堂的著名角色瑪利歐也在遊戲中登場。這款遊戲在日本由GungHo販售，在日本以外的地方則由任天堂販售。另外，GungHo也與Square Enix合作，製作大型機台版的遊戲「龍族拼圖單淘汰戰鬥」，累積更多人氣。

龍族拼圖也會不定期與其他公司合作，舉辦遊戲內活動。譬如二〇一五年二月時，龍族拼圖與著名漫畫《北斗神拳》合作，設置與《北斗神拳》有關的特殊關卡，以及可以轉出《北斗神拳》角色的特殊轉蛋機。在其他的合作活動中，龍族拼圖也同樣推出特殊關卡與特殊轉蛋機，像是與著名漫畫《哆啦A夢》、《進擊的巨人》的合作，與電影《蝙蝠俠》、《攻殼機動隊 新劇場版》的合作，與其他遊戲《太鼓之達人》、《Final Fantasy》的合作，甚至還別具一格地與富山縣高岡市合作，推出與當地名產有關的角色。不僅如此，龍族拼圖也和BEAMS、7-ELEVEN等廠商或零售店合作，讓相關角色在遊戲內登場。

從營運方的角度看來，這些合作活動可以讓遊戲變得更多樣化，或許還能增加新的獲利來源。而且，對於和龍族拼圖合作的公司來說，越多人下載、遊玩龍族拼圖，就可以讓越多人認識到自家產品／服務，也可以拿到角色的授權費用。

3.關係性設計

◇關係性典範的抬頭

　　一九八〇年代左右，行銷管理從原本的注重短期利益，轉變成以長期利益為基準去規劃行銷活動。相關討論認為，過去的行銷管理都是基於交換典範而進行的。所謂的典範（paradigm），是指特定人士的特定想法，常被當做進一步思考時的前提。在交換典範中，企業的行銷活動需對應到顧客的需要，使顧客與企業藉由交換達成雙贏。顧客可透過交換，解決某些自己的問題。企業則可透過交換獲得對價。也就是說，企業需針對顧客的需要，推出相應的行銷活動。

　　另一方面，新的觀點同樣重視交換，卻也點出了關係性典範的重要性。在關係性典範中，顧客與企業不再只是「顧客有需要，企業回應這些需要」這種固定的單方面關係，除了雙贏的交換關係之外，以此為前提的良好關係也備受矚目。由一次次的「交換」所建立起來的「關係性」基礎，才是關係性典範的焦點。一旦建立起良好的關係性，便可預期到未來雙方會持續交換彼此需要的事物（參考8-1）。

　　想想看紅白機時代與手機遊戲時代的差異，應該就更能明白這點了。紅白機的玩家需一次次購買想玩的遊戲軟體，可以理解成交換典範的例子。另一方面，以龍族拼圖為代表的免費手機遊戲，則不需要一直購買遊戲。相反的，玩家會在免費的遊戲中，逐漸喜歡上這個遊戲，進而在這個遊戲上花錢購買特殊道具。對於遊戲營運公司來說，與其賺取短期獲利，不如設法讓玩家長期參與遊戲，這

【圖 8-1　從交換典範到關係性典範】

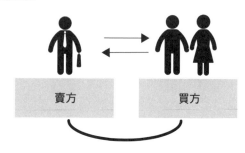

【交換典範】
在每一次的交易中，盡可能讓雙方
獲得最大的利益與最多的滿足感。

賣方　　　　　買方

【關係性典範】
把焦點放在交換時形成的「關係」，
以建構與維持關係性為目標。

出處：筆者製作

樣反而可以賺更多錢。

　　建構並維持「關係性」的概念，原本被應用在資本財與服務財的行銷活動。舉例來說，TOYOTA或HONDA等汽車組裝廠商，與供應相關零件的供應商之間，就存在資本財的行銷活動。TOYOTA與零件供應商之間的關係，以及TOYOTA與最終顧客的汽車買賣關係略有不同。最終顧客一次只會買一部汽車，就算把時間拉長到人的一生，最多也只會買數次TOYOTA汽車。不過，TOYOTA與零件供應商之間的關係就不同了。TOYOTA會與零件供應商不斷交易，且每次的交易金額都相當龐大。因此，資本財的交易關係屬於大規模且持續性的交易，焦點並不在於每次的交換。

　　另外，我們通常很難事前判斷資本財的價值，即使是交易結束後，要評斷資本財的價值也沒那麼容易。舉例來說，我們在選擇髮

型設計師時，如果沒有很大的差異，通常很難客觀判斷哪個設計師比較厲害。這時候，與設計師之間的信賴關係就變得相當重要。在這種情況下，比起每次「交換」的價值，應該把焦點放在持續性關係的維持才對。

◇消費財的關係性典範

關係性典範因特定領域中的行銷活動而開始受到矚目。進入數位時代後，一般消費財的行銷活動也開始重視起了關係性典範，造成這個現象的背景，自然是環境的變化。

首先，隨著日本國內外市場的日漸成熟，新市場與新顧客的開拓也變得越來越困難。所以各企業越來越注重與既有顧客建構持續性的關係。舉例來說，在汽車還不普及的時代中，企業只要思考如何讓顧客買下他的第一部車就可以了。但是，目前已有很多人擁有汽車，有些人可能還有多台汽車。所以比起開拓新的顧客，更重要的是如何讓既有顧客願意持續購買自家產品。

二手市場的擴大，被認為是一般消費財也開始重視起關係性典範的第二個原因。承上一段的敘述，在既有顧客購買商品、服務之後，若希望能再吸引他們的目光，就必須創造出新的需要才行。在汽車市場中，消費者購買新車之後的十年內，仍與汽車商存在一些接觸點。購買新車後，消費者會要求保險、車檢、保養等新的服務。這和購買住宅、行動電話後仍需要花費心力維護是一樣的道理。這也是為什麼現在很多商品有服務化的傾向。

專欄8-1

劇場消費

　　近年來，消費財所建構的關係性漸受重視，日本則是在一九九〇年代起就常談到這點，可以說是這個領域的先驅。嶋口充輝的《顧客滿足型行銷的構圖》（有斐閣，1994）、和田充夫的《關係性行銷的構圖》（有斐閣，1998）皆是談論這個主題的典型書籍。嶋口先生認為，企業不應把焦點放在短期的獲利，應該放在滿足顧客上，就結果而言，這樣也能對未來的獲利有所貢獻。對企業來說，具有長期觀點的行銷活動是必要的。在和田先生的論述中提到，許多商業領域的企業，都必須建構與顧客之間的關係性，他也在書中介紹了與品牌管理有關的新型行銷方式。

　　和田先生的論述中，有一個相當耐人尋味的案例，那就是以寶塚歌劇團為代表案例的劇場消費概念。劇團及劇團粉絲之間的關係，與一般企業及客戶的關係並不相同。劇團及劇團粉絲之間更像是同志，存在著相對較長期的關係。學習如何建構這樣的關係性，可以說是今日的企業追求的目標之一。在《關係性行銷與劇場消費》（Diamond社，1999）中有詳細討論這種新的行銷方式，《瞭解寶塚粉絲 與消費者建立超密切關係性的行銷》（有斐閣，2015）則進一步討論其發展。

　　建構關係性時，包括正文中提到的 CRM 在內，常會用到許多由資訊技術建構而成的複雜機制。在消費財的情況中，企業必須與大批消費者建構關係性。不過如果從滿足顧客或經營品牌的觀點看來，建構關係性並不是突然出現的新概念。相反的，就行銷領域來說，這是人們一直相當重視的重要概念。

最後要介紹的第三個理由，就是數位資訊技術的發展。這也是關係性典範抬頭的過程中不可或缺的要素。POS自不用說，包括會員註冊服務、資料庫化等系統，都可以讓企業掌握更為詳細的顧客動向。過去如果不是資本財這種顧客數量極少的市場，要掌握這些資訊需耗費相當大的成本，不過在資訊技術的發展之下，已變得相當容易實現。包括一對一行銷、顧客關係管理（Customer Relationship Management，CRM）等概念，都與資訊技術的發展有很密切的關係。

◇平台的形成

從資本財、服務財，一直到消費財，當企業打算建構起與利益關係人的關係性時，就像是把市場當成一個網路。包括消費財廠商與顧客的關係、消費財廠商與材料供應商的關係、供應商之間的關係、顧客之間的關係等等。龍族拼圖的合作企劃，就是善用了這些關係性的例子。

市場網路中，因提供強勢商品、服務而成功的企業，會與其他廠商、顧客形成一個平台。如名所示，這裡的平台就像月台一樣，可以讓許多人來來往往。舉例來說，任天堂發售的紅白機最初只是一台機器，但沒過多久，許多遊戲玩家與紅白機遊戲開發商所構成的網路就形成了一個平台。接著，除了玩家與軟體開發商之外，與遊戲有關的機器及情報雜誌等產業也加入了這個平台。

平台的威力取決於外部網路。外部網路由許多使用相同商品、服務的人們組成，外部網路越大，這些商品、服務的威力就越大。

第8章

專欄8-2

免費增值

　　免費商業模式中，免費增值是一種常見的商業機制。免費增值原文為 freemium，由 free（免費）和 premium（付費增值）組成。免費增值模式中，企業會提供使用者免費服務，其中某些使用者的付費，則支撐著整個企業的獲利。

　　免費增值的商業模式常見於網路服務，不過這個概念本身卻是典型的行銷手法之一。舉例來說，可以免費體驗一次的健身房或語言補習班，就是免費增值的概念。另外像是買二送一的雜貨店、服飾店等，也是善用免費與付費之組合的行銷方式。另外，電視廣告可以免費觀看，電視公司不會向觀眾收費，而是向廣告業主收費並藉此獲利。

　　許多企業會透過在網路上提供免費服務的公司宣傳自己。譬如 Google 與 Facebook 就靠著這種方式獲利。Google 與 Facebook 免費提供優秀的搜尋服務與社群交流服務，並靠著由這些服務聚集起來的人潮，向廣告業主收取廣告收入以做為獲利來源。另外像是手機遊戲、niconico 動畫網站的使用者可享用免費的基本服務，使用者還可付費享受更好的服務，這樣的商業模式也相當常見。

　　在免費增值的商業模式中，會產生「哪些可以免費？那些要付費？」、「免費服務可以提供到什麼程度？」之類的問題。以電視來說，電視台可提供免費節目給觀眾看，再向廣告業主收費藉此獲利；也可以像是有線電視般，向消費者收取費用並以此為主要獲利來源。另外，許多企業也會像 Facebook 一樣，提供付費會員更好的服務。

舉例來說，使用電話的人越多，使用者就可以打電話給越多人。換言之，電話這個平台的威力會隨著使用者人數的增加而跟著增加。龍族拼圖也一樣，使用者增加時，朋友申請與多人遊玩也會變得更容易。

　　因為平台的威力取決於外部網路，所以平台的發展過程中會越來越傾向獨佔。不過現實中也有幾個市場演變成了多家平台競爭的情況。想想看任天堂與SONY之間的遊戲機平台競爭，應該就不難理解了。在遊戲機市場中，同時擁有兩種遊戲機的玩家並不罕見。

　　企業會透過建構平台與建構關係性來提高轉換障礙，防止自己被其他競爭者取代。舉例來說，企業可以創造出某種特殊資產，給消費者專用和這家企業的交易。譬如在龍族拼圖中購買的魔法石或強力角色，就沒辦法用在其他遊戲上。而在龍族拼圖中累積了大量

第 8 章

【圖 8-2　平台示意圖】

平台

出處：作者製作

161

資產的玩家，也很難轉移到其他遊戲上。

4. 結語

本章中介紹了行銷的新概念——與顧客建構關係。包括龍族拼圖在內，近年來許多手機遊戲都捨棄了盒裝遊戲的買斷制，而是致力於建構、維持與顧客的長期關係，以創造新的市場。就像遊戲機從紅白機開始一代代進化一樣，數位時代的行銷方式也會跟著進化。

原本僅限於資本財與服務財的關係性建構的概念，現在也開始被應用在消費財的行銷上。即使技術沒有太大的變化，光是行銷方法上的改變也能創造出很大的市場。行銷不是只有當下看到的結果。行銷不是東西賣出去之後就結束的商業概念，相反的，只有當企業在長時間經營下，與顧客共同找出新的價值，才能拓展出新的市場。

❓ 問題思考

1. 試探討遊戲業界的商業模式變遷。
2. 試研究其他消費財，思考生產這些消費財的企業如何建構與消費者之間的關係性。
3. 試思考如何在已有平台的市場中，建立新的平台。

進階閱讀

野島美保『人はなぜ形のないものを買うのか』NTT出版、2008年
クリス・アンダーソン『フリー~〈無料〉からお金を生みだす新戦略』日本放送出版協会、2009年

第**8**章

參考文獻

石井淳蔵・栗木契・嶋口充輝・余田拓郎『ゼミナール　マーケティング入門　第2版』日本経済新聞社、2013年
嶋口充輝『顧客満足型マーケティングの構図』有斐閣、1994年
和田充夫『関係性マーケティングの構図』有斐閣、1998年

第 9 章

數位行銷
好侍「薑黃之力」

第9章

1. 前言

　　打開新聞網站、搜尋網站、部落格時，網頁廣告中的商品或品牌都大同小異，而且幾乎都是最近搜尋過的商品或品牌，想必您應該也有過類似經驗吧。因為這些網站會記錄訪客在站內的搜尋、瀏覽、點選記錄，推測出訪客的行為模式，再依此刊登適當的廣告。一九九五年起，隨著通訊環境的完善，日本的網路也急速普及。剛開始的網路僅由個人電腦連接而成，隨著智慧型手機的普及，人們使用網路的機會也越來越頻繁。而在未來，隨著穿戴式裝置（包括智慧手錶、智慧眼鏡等可一直穿戴在身上的裝置）的普及，可以預料得到未來的網路環境中，每個人隨時隨地都可連上網路。這樣的環境讓人們能夠輕而易舉地得到自己想要的資訊。本章中，就讓我們來看看在這個日常生活的數位環境中，如何有效率地展開行銷工作。

2. 「薑黃之力」的數位行銷

◇好侍食品公司

　　好侍食品公司（House Foods）於一九一三年創業，創業時是一家販賣藥物原料的商家。之後好侍開始製造速食咖哩產品，後來還陸續推出調理包咖哩、速食白醬等。同時也致力於販售通路的經營，並推出多樣化的廣告促進銷售，使好侍公司的產品成為日本飲食生活中的重要角色。

　　現在好侍公司旗下擁有四項主要事業，包括以速食咖哩為代表的辛香調味加工品、以薑黃之力為代表的健康食品等。二○一六年三月結算的年營收達2,418億日圓。

　　「薑黃之力」是好侍食品開發，於二○○四年五月開始販售的功能性飲料。好侍食品之所以會開發這個產品，是為了活用主要產品——咖哩中某種香料的供應商資源，並拓展新的市場、創造新的顧客。薑黃之力含有咖哩香料中的一種材料「薑黃」。而薑黃中的「薑黃素」（curcumin）是一種對人體健康有益的成分，也是薑黃之力的賣點。

　　薑黃之力的目標顧客是常喝酒的男性上班族。從開始販售的時間點到現在，顧客的男女比一直維持在65：35左右，沒有太大的改變。

第**9**章

◇顧客創造導向的行銷活動

好侍食品以家庭主婦等女性消費者為目標顧客，推出咖哩、白醬、調味料、甜點等商品，持續開拓新的市場，其中又以「佛蒙特咖哩」與「北海道白醬」為代表性產品。因此，好侍食品會以量販店等零售賣場為核心展開業務，並在主流媒體上大打廣告，以取得行銷優勢。

不過，薑黃之力的目標顧客卻是三十多歲的男性，與過去的核心顧客「家庭主婦」有很大的不同。而且販售薑黃之力的地方主要在便利商店、藥局，也與過去主要商品的賣場不一樣，所以好侍公司須透過與過去截然不同的方式行銷薑黃之力。

薑黃之力的歷史也可以說是創造新顧客的歷史。二〇〇四年時，為了打進30～50歲的男性上班族顧客群，創造出新的市場，好侍先是開發出飲料型產品，然後開發出顆粒型產品，需求也逐漸擴大。到了二〇〇八年，好侍推出了黑醋栗口味的薑黃之力。包裝與味道的改變，為的是吸引更多女性顧客購買。

【照片 9-1　「薑黃之力」（原始產品、黑醋栗口味、顆粒型產品）】

出處：好侍食品公司
（此為好侍食品公司於2016年所販售之商品）

　　薑黃飲料在日本的法律上屬於食品，而非藥物，所以在效果聲稱上受法律限制。其中最重要的法律是日本的藥事法。藥事法第68條規定，這類飲料僅可聲稱「可解宿醉」、「可改善某特定身體部位的健康」，在與解酒有關的藥效聲稱上有明確的規範。所以重視功能性的薑黃之力在宣傳其產品特性時，也需遵守法律規定。

　　另外，與其他飲料產品相比，薑黃之力在使用時間點上也有一定限制。為了讓顧客在適當期間內想到這個產品，並購買、使用，好侍食品必須在法律規範下，創造與顧客間的新接觸點。

◇建構「行動動線」上的接點

　　在二〇〇四年十一月時，社會大眾還沒有完全瞭解薑黃之力的效果，也不熟悉這個名字。所以好侍食品首先得讓社會大眾認識到薑黃之力是什麼樣的產品才行。

　　薑黃之力的目標客群是常會喝酒的30～50歲男性。所以，好侍食品請來了廣受這群人歡迎的男性藝人拍攝電視廣告。另外，好侍食品還在報紙、車站內、電車上刊登交通廣告，也和其他企業合作促銷。於是居酒屋與周圍的便利商店擺出大批薑黃之力產品，讓顧客一眼就能看到它們。另外，在接近喝酒時間的傍晚，會友卡車載著巨大的薑黃之力商品模型，駛過居酒屋林立的街道上。好侍食品還大量發放樣品供人試用。一開始他們在街道上發放試用品，後來還進入居酒屋內發放。在飲酒機會大增的過年期間，試用品也發放得更為積極。光是二〇〇六年十二月的前半月，好侍食品已將薑黃之力的樣品發放給了1,000家店次。（二〇〇六年十二月十五日　日

經MJ）。二○○七年時，樣品的發放進一步擴大到130萬瓶，是前一年的四倍以上（二○○七年十一月二十三日 日經MJ）。而且其中100萬瓶是集中在飲酒機會開始增加的十一月末發放（二○○七年十一月二十三日 日經MJ）。之後好侍食品也增加了新的通路，開始在居酒屋販售薑黃之力。

　　許多人在宿醉時會開始後悔自己喝太多，也後悔自己沒有準備解決宿醉的方案。好侍食品必須讓消費者理解到，薑黃之力這種產品不能在宿醉後才喝，而是要在知道自己有可能會宿醉時就喝，並實際購買使用。

【照片 9-2　鬧區的交通廣告】

出處：好侍食品公司

　　人們在日常生活中會四處移動，在不同時間點移動到不同的空間。若我們實際研究現代人的活動模式，會發現這些移動軌跡會形成一條線。舉例來說，人們會在自家內走來走去，離開自家後會前往工作地點、學校，或者是商店，然後在那個地點內四處走動，接著再回到自家內。這些移動、行動統稱為「行動動線」。

　　行動動線可創造出許多接觸點，若能將商品置入消費者的動線中，就可以創造出消費者與產品間的關係。舉例來說，平日的商務人士從早上起床後到晚上喝酒前，會在自家、職場、餐廳之間的動線上移動。而上班族或學生也存在各自的行動動線。

　　於是，好侍食品便把目標放在上班族（人）上，在他們的行動路徑（空間）與行動時間（時間）上，創造出薑黃之力的接觸點。具體來說，好侍食品會透過電視廣告宣傳薑黃之力，讓平日早晨、夜晚，以及休息日整天待在家中的上班族知道這個產品。上班族從自家前往工作地點所經過的路徑上，可以接觸到許多報紙廣告、交通廣告。所以好侍食品在這些路徑上刊登報紙廣告、交通廣告，以增加接觸目標顧客的機會。到了晚上，好侍食品會在有許多餐廳的鬧區內發放試用品、製作移動廣告，在便利商店店面陳列大批產品，還會在居酒屋販賣產品。像這樣順應目標顧客的行動動線，使用多種廣告媒體的組合，就可以增加產品與顧客的接觸機會。最後，當顧客想要喝酒時，就會想起薑黃之力，想起薑黃之力時，就會下手購買。

第 9 章

◇智慧型手機的普及與數位行銷的展開

雖然銷售額逐漸擴大，但二〇〇八年後半時卻出現了新的問題，那就是購買率的成長逐漸趨緩停滯。即使產品認知率已高達90%以上，但有購買經驗的人卻不多，這或許就是購買率停滯的原因。舉例來說，飲酒頻率、飲酒量較高的20～40歲男性，購買過薑黃之力的比例約只有30%左右（日經MJ 二〇〇八年十一月十七日）。

為瞭解顧客不購買的原因，好侍食品針對知道薑黃之力這個產品，卻不曾購買過的顧客進行調查。調查結果發現，回答「沒時間買」、「忘了買」、「買那個很麻煩」的人比想像中得多。換句話說，在飲酒前後有購買、飲用薑黃之力習慣的顧客並不多。

電視廣告、公共交通工具的廣告、移動時看到的廣告、街頭試用品發放、在販售店家展示大批產品、在居酒屋販售……這些配合目標顧客行動，增加與顧客接觸機會的行銷方式確實有一定的效果。但即使如此，在工作場所、前往居酒屋的路途中，某些時間或空間的消費者還是不會接觸到產品。這表示，透過既有媒體與顧客的接觸機會仍有其極限。

二〇〇八年七月十一日，「Apple」公司在日本開始販售iPhone。以iPhone的發售為契機，日本許多電信公司開始販賣智慧型手機，智慧型手機開始在日本普及。智慧型手機與大流量之通訊基礎建設的普及，使人們能夠隨時隨地收送圖片、影片等龐大的檔案。

【圖 9-1　以行動動線為基礎，開發與顧客接觸的新機會（透過既有媒體）】

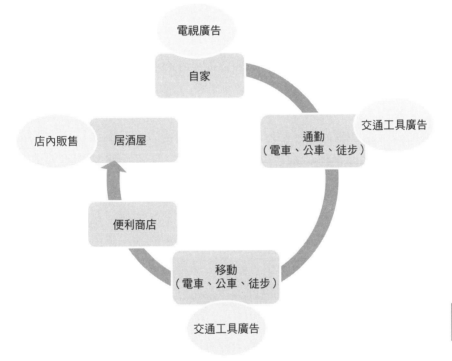

出處：筆者製作

　　消費者的行動動線上，仍有某些行銷活動無法接觸，或者尚未接觸的時間與空間。在這些時間與空間中，消費者即使有認知到薑黃之力這個產品的存在，也不會有購買的行動。所以說，若能在這些時間、空間中建構出薑黃之力與消費者的接觸點，就能在消費者的行動動線上與消費者頻繁接觸。

　　好侍食品於二○一○年起開始採用網路媒體，包括網站、電子郵件、部落格、Facebook、Twitter等。

　　這時候的好侍食品還得面對一個問題，那就是必須吸引更多年輕顧客。在薑黃之力開始發售後已過了五年，當時三十多歲的主要顧客中，已有不少顧客變成了四十多歲。若希望薑黃之力的銷售額繼續成長，就得吸引更多年輕顧客加入才行，故好侍食品必須開始與二十到四十歲的顧客建立關係。當時，這些目標顧客常會用網路蒐集業務、生活資訊，或者與其他人交流。他們的公司會配給個人專用的電腦，讓他們能隨時透過網路執行業務。他們通勤時也常會使用智慧型手機瀏覽網站，使用社群網站已成為他們的日常。

　　這些環境的變化，讓過去難以產生接觸點的空間、時間開始產生新的接觸點。舉例來說，許多員工在辦公室用個人電腦處理業務時，也會順便瀏覽網路新聞。其中又以二十到四十歲的男性上班族最常有這樣的習慣。這表示，好侍食品可以透過辦公室的電腦接觸他們的目標顧客。Yahoo! JAPAN News（以下簡稱Yahoo! News）是日本男性上班族在職場上最常接觸的媒體之一。Yahoo! News是由Yahoo! JAPAN經營的新聞網站，網站首頁會即時顯示各大日本通訊社、報社發出的新聞。當使用者點擊新聞時，除了會顯示新聞文章之外，還會出現一個廣告欄。好侍食品便依照男性上班族的網路使用情況，買下特定時段的廣告。另外，好侍也在居酒屋搜尋網站上打廣告，以提高廣告的效率。

　　當時，如果消費者要尋找居酒屋的話，通常會用居酒屋搜尋網站來尋找、預約店家。好侍買下居酒屋搜尋網站的廣告後，當消費者印出預約店面的地圖時，也會在地圖旁同時印出薑黃之力的廣告。

　　這兩種方法都是增加薑黃之力與顧客的接觸機會的手段。在接近喝酒時間時刊登廣告，讓消費者瀏覽Yahoo!新聞時，聯想到薑黃之力產品。會去瀏覽居酒屋搜尋網站的人，正是有很多喝酒機會的顧客，所以好侍公司會在接近飲酒時間時與他們接觸。當消費者決定要前往哪個居酒屋並印出地圖時，還會在地圖旁邊打廣告，吸引消費者的注意。

　　如圖9-2所示，消費者在自家會看電視，從自家移動到職場的過程中會接觸到網路、交通工具上的廣告，在職場會接觸到網路廣告，從職場移動到居酒屋時會接觸到網路、交通工具上的廣告。好侍公司盡可能在消費者的行動動線上持續接觸消費者，促使消費者在便利商店內買下薑黃之力。

　　就這樣，好侍公司善用既有媒體與網路媒體，互補彼此的不足，在消費者的行動動線上創造出了更多的接觸機會。

第9章

專欄9-1

長尾

　　設縱軸為顧客數、橫軸為各種產品品項，將各品項產品依照顧客數排下來。圖中越左邊的產品表示顧客數越多，越右邊的產品表示顧客數越少。此時，顧客數少的產品會在右側形成長長的尾巴，就像恐龍尾巴一樣，故被稱做「長尾」（long tail）。提出長尾概念的人是克瑞斯・安德森（Chris Anderson）。

　　過去的商業模式中，銷售額會傾向於集中在某些特定商品上。這與顧客資訊的蒐集、販售店面的數量、店面的陳列方式等存在極限有關。店面能擺出來的商品數目有一定上限。既然上架商品的數量有上限，那麼各店家就會盡可能挑好賣的商品進貨，所以好賣的商品會越賣越好。這就是支撐著過去的行銷理論的「柏拉圖法則」。舉例來說，各種 CD 品項被購買的機會並非均等，而是其中某些品項會賣得特別好。就經驗上來說，賣得特別好的品項約佔所有品項的 20% 左右，銷售額卻可達到所有品項的 80%，我們常用「熱門商品」或「熱賣商品」等詞來形容這些商品。柏拉圖是發現這種現象的義大利經濟學者。

　　另一方面，網路店家沒有實際店面，故沒有店面空間限制，倉儲空間可視為沒有上限，故可一次進貨大量品項，達到實體店面做不到的品項齊全度。而且網路店面的商圈與傳統店面不同，不是只有日本國內的店家。如果沒有語言障礙、沒有進出口限制的話，甚至可以和國外的對象交易。若能進一步擴大商圈，便能藉由吸引大量少數族群的顧客，獲得一定程度的銷售額。因此，許多過去不為人所知的商品，也陸續形成了有一定規模的市場。

3. 數位行銷的展開

　　以下讓我們從關係形成的觀點，說明行銷管理如何活用數位時代的特性。

【圖 9-2　網路媒體與既有媒體的組合，可擴大與顧客接觸的機會】

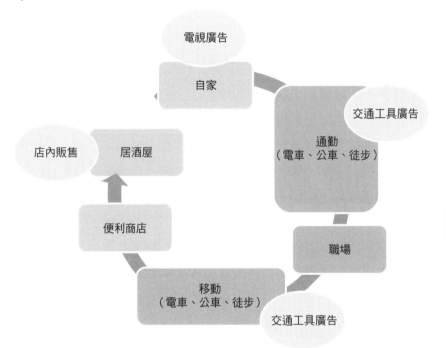

出處：筆者製作

第9章

◇數位行銷的特性：直接與雙向

隨著數位化的進展，交流的方式也在跟著改變。現在的企業已可「直接」接觸許多領域的消費者；消費者也可發送自己的資訊給其他人。這表示，企業可以與顧客進行一對一的「雙向」交流，顧客間也可以進行一對多、多對多的「雙向」交流。

因為是「直接」連接，所以企業可以針對每個顧客的狀況，個別提供適當的資訊，並從各個顧客身上獲得感興趣的資訊。

另外，能夠「雙向」交流的不是只有企業與顧客，顧客之間也可以雙向交流。這代表數位化的環境下，在顧客的行動動線中，企業與顧客間可雙向交流的範圍變得更大了。

不只是企業與顧客變得能夠「直接」且「雙向」交流，顧客之間也可以做到這點。顧客間直接交換資訊時，也會影響彼此，並產生新的顧客資訊。社群中人與人之間連結也稱做「社交圖譜」。在社交圖譜共享的情況下，每個人發出的資訊可以擴散得更快、更廣。同時，每個人也都能從更多人身上更快獲得資訊。

若收到資訊的顧客認為這些資訊可以幫助到其他人，可能會把這些資訊發送給其他人，並加上自己的意見。由於社會上的數位基礎建設做得很好，每個人都有自己的資訊裝置，所以不只企業可以進行數位行銷，顧客也可以參與行銷活動。

當然，顧客所發送的資訊不一定會站在企業這邊。顧客的發言包括正面發言與負面發言，所以企業必須理解到，有顧客參與行銷活動時，可能會帶來負面效應。

現在的我們生活在被智慧型手機、電腦等數位機器所包圍的環境中。另外，因為各式各樣的社群媒體已滲入整個社會，資訊搜

尋、資訊交換等交流活動的多樣性漸增，所以資訊與人、人與人之間的連結也變得更為複雜。在這種環境下的行銷活動，目的已不只是傳遞資訊，彼此間的關係建立也相當重要。以下就讓我們來介紹三種關係的建立。

首先是由「精準定位」所形成的關係，第二種是由「對話」形成的關係，第三種則是由「合作」形成的關係。

◇由「精準定位」形成的關係

本章介紹了薑黃之力如何運用既有媒體，並搭配網路媒體進行行銷活動。與既有媒體相比，網路媒體的行銷有個特徵，那就是企業與顧客建立關係時，會針對特定顧客，在特定時間點、特定地點進行「精準定位」的行銷。

電視是傳統媒體的代表。企業會在目標顧客常看的電視節目或時間區間內打廣告，以建立與顧客的關係。不過，和網路媒體相比，電視廣告較難鎖定特定顧客。如同我們在前面提到的案例一樣，企業可以在顧客於職場用電腦網路搜尋，或者於移動過程中用手機網路搜尋「今晚想吃的餐廳」時，精準投放相關廣告。

在數位環境下，隨著使用者與使用頻率的增加，累積的資訊也越來越多。名為「大數據」的大筆資料經妥善應用後，可轉換成更有價值的資料供人們使用。訪客在某個網站的行動記錄，可以讓企業更加瞭解每個顧客的行動特性。因此幾乎所有網站都會記錄、檢視每個訪客的行動記錄，並以這些記錄為基礎，規劃能夠吸引個別顧客的行銷方式。個別顧客的行動記錄累積得越多，企業就越能掌

專欄9-2

共享經濟

所謂的共享經濟，是運用建構在網路上的「平台」（聚集了人群與資訊的「地方」，參考第 8 章），透過共享資訊進行的經濟活動。這些平台能讓分散在社會各處的需求，共享過去難以買賣、借貸的資源。舉例來說，假設我在某個時間點想從某個地方移動到另一個地方，而這個時間點上有這個想法的人很可能不是只有我一個。在人口越密集的地方，有人有相同想法的機率就越高。假設這些人中有一位有車子，而車內還有其他空位。如果這個人可以將自己有車的資訊散播出去給其他人知道，就能讓其他想移動到相同地方的人一起搭上車。

除了移動的需要與資源共享之外，在完善的網路環境與智慧型手機的普及下，空間、產品、能力的分享也變得容易許多，市面上也出現了值得信賴的交易平台提供結算服務。所以說，資訊共享創造出了新的需要與新的資源。社會的潛在資源表面化時，應用這些資源的需求也隨之誕生。

這些變化使市場上除了過去的企業間交易、企業對顧客的交易之外，又多了顧客間交易，以及顧客對企業的交易。以上消費稱做合作消費〔瑞秋‧波茲曼（Rachel Botsman）等人（2010）〕。合作消費可分為「產品服務化」、創造「重分配市場」，釋出原本屬於個人或企業的空間、時間、能力與他人共享，形成「共享生活型態」等三個類型，這三種合作消費逐漸滲入我們的生活行動、消費行動。支撐著合作消費的平台上，聚集了許多人與資訊，孕育出了更豐富的經濟活動。

握顧客的行為，建立越細膩的關係。因此隨著數位化的進展，傳統行銷活動在時間、地點、顧客群的限制也逐漸消失。

◇由「對話」形成的關係

多樣化的SNS（社群網站）是數位環境中的交流基礎。許多使用者、團體會靠著這些SNS彼此聯繫。

在這種環境下，會更重視人與人之間的關係。現實中人與人之間的關係也一樣，在雙向的「對話」過程中才會產生新的資訊，並形成強健的關係，單方面的資訊「傳達」則不行。對話在數位行銷中也一樣重要。另外，不只企業與顧客的對話很重要，顧客與顧客間的對話也很重要。傳統上的行銷是由企業將資訊傳達給顧客，數位行銷的過程中，則有許多資訊是在對話中誕生，並透過網路傳播到其他地方。

第9章

◇由「合作」形成的關係

傳統上，企業是發送資訊的主體，顧客則站在接收這些資訊的立場。而且，由企業提供給顧客的資訊在頻率、數量上都相當多；另一方面，企業會透過業務人員、銷售人員、研究人員、客服窗口獲得顧客的資訊，且多數情況下，都是由企業主動接觸顧客，才能獲得相關資訊。隨著數位化的進展，消費者已能將自己擁有的資訊散播到社會各處。於是越來越多的消費者成為了資訊來源，向其他人發送多樣化的資訊。在這樣的環境下，顧客也開始參與企業的行銷活動。舉例來說，企業可以發起「群眾募資」活動，吸引許多對某個企劃很有共鳴的人，從許多人身上募集一定規模的資金。另外，有些企業會採用「顧客參與型產品開發」的方式，募集顧客的idea開發新產品並預測銷售額；或者在「社群網站」上蒐集顧客如何使用某種產品，有什麼樣的評價等等。像這種能夠反映消費者情緒的機制、蒐集消費者擁有之資訊的機制，大幅增加了消費者影響社會與市場的機會。

4. 結語

　　本章我們介紹了數位化社會中的行銷活動。數位環境為過去有許多限制的行銷活動增添了許多可能性。正文中提到的「大數據」就是其中之一。不過另一方面，對於顧客與企業來說，許多過去的知識及常識無法直接應用在網路媒體的行銷活動上，使得個人資訊處理、資訊所有權歸屬之類的制度與判斷依據都尚未完善。不論是企業還是個人，培養從不同角度切入問題，創造出新價值的創造力，以及預測行銷活動如何影響他人或社會的創造力，都是未來行銷活動中不可或缺的能力。

第9章

❓ 問題思考

1. 在使用智慧型手機與他人交流時，會在什麼樣的情況下使用什麼樣的工具？試舉例說明。

2. 試舉例說明您有參與過哪些企業的行銷活動，並以本章內容為線索，說明你為什麼會參與這樣的活動。

3. 試舉例說明您在過去經歷過的數位行銷中有什麼樣的感覺。包括該體驗的時間、空間、運作方式，並分別說明您參與行銷的方法、行動、感情，再依此思考數位工具在行銷中的角色。

進階閱讀

フィリップ・コトラー、ヘルマワン・カルタジャヤ、イワン・セティアワン『コトラーのマーケティング3.0』朝日新聞出版、2010年

クリス・アンダーソン『ロングテール』ハヤカワ・ノンフィクション文庫、2006年

ミコワイ・ヤン・ピスコロスキ他『ハーバード流ソーシャルメディア・プラットフォーム戦略』朝日新聞出版、2014年

參考文獻

佐々木俊尚『レイヤー化する世界―テクノロジーとの共犯関係が
　始まる』NHK出版新書、2013年

斉藤徹『ソーシャル・インパクト』日本経済新聞社、2011年

根来　龍之　監修、富士通総研、早稲田大学ビジネススクール根来
　研究室編著『プラットフォームビジネス最前線　26の分野を図
　解とデータで徹底解剖』翔泳社、2013年

ミコワイ・ヤン・ピスコロスキ他『ハーバード流ソーシャルメデ
　ィア・プラットフォーム戦略』朝日新聞出版、2014年

平野敦士カール、アンドレイ・ハギウ『プラットフォーム戦略』
　東洋経済新報社、2010年

レイチェル・ボッツマン、ルー・ロジャース『シェア』NHK出版、
　2010年

第9章

第 10 章

需求鏈
Calbee 洋芋片

1. 前言

　　您是否曾有過想買的產品銷售一空而懊惱不已的經驗呢？是否看過某個新產品開賣時，生產速度跟不上銷售熱潮，只能暫時停止販賣的新聞呢？

　　行銷是企業創造新市場與新顧客的活動。若想創造出新市場與新顧客，不只要創造出「想要新產品的狀況」，也要創造出「買得到新產品的狀況」。這是因為，只有當人們真正買下產品或服務時，市場與顧客才真正誕生。值得注意的是，創造出「想要新產品的狀況」固然重要，不過創造出「買得到新產品的狀況」也同樣重要。

　　那麼，為什麼我們平常常買的商品一直會保持在「買得到的狀況」呢？或者，如果您負責管理某項商品，那麼該如何使其保持在「買得到的狀況」呢？本章中，讓我們從「洋芋片」的案例學習如何透過庫存管理讓產品保持在「買得到的狀況」。

2. Calbee「洋芋片」與庫存管理

◇「洋芋片」的誕生與產品的問題

Calbee在目前日本洋芋片市場的市佔率高達70%，二〇一四年度的營業額高達2,200億日圓。本章介紹的洋芋片是一九七五年發售的長銷產品，像是「Jagarico」、「Frugra」、「Vegips」等，都是近年來很有人氣的產品。

Calbee公司於一九四九年創業，一九六四年推出的「Kappa-ebisen」與一九七二年推出的「Sapporo-potato」都是暢銷商品。Calbee於一九七五年推出「洋芋片」產品，但當時並沒有賣得很好。其中一個原因，是因為當時市場上的競爭對手太強；另一個原因則是實體店面架上產品的新鮮度。比起Calbee過去的主力產品，洋芋片會用到更多油。隨著時間的經過，洋芋片上的油會逐漸腐敗，使味道變差。若使用過去的銷售方式，在洋芋片抵達消費者手上時，新鮮度已降低許多，所以當時洋芋片產品的評價並不好。

新鮮度之所以會下降，和零售店的銷售模式有密切關聯。當時的Calbee管理制度中，每位業務都有自己的責任額，在期間內需售出一定量的產品。所以每位業務都會想盡辦法賣更多產品給零售商，以提高自己的業績。而且，大量進貨的零售商可享有折扣。所以許多零售商會一次囤積大量洋芋片產品，新鮮度也隨著時間逐漸下降。

◇提升「洋芋片」魅力的鮮度管理

於是，Calbee也開始重視產品的新鮮度管理。Calbee是零食業界第一個標示製造日期的廠商。因為重視新鮮度，所以將存貨日數與銷售額、獲利並列為經營指標，定下「產品要在製造後45天內送到消費者手上」的目標。

為了做到這點，Calbee規定洋芋片從製造到出貨之間的存貨期間必須在10天以內。不過，光靠自家公司的規定，還是無法保證產品一定能在適當期間內送到消費者手上。所以Calbee也規定了產品停留批發商、零售商的存貨日數，建構出新的合作機制。

Calbee引入了分區銷售制，各地區的業務負責人需定期巡迴實體店面，確認產品的新鮮度，並建議店面適當的進貨時間點與進貨量。對於店家來說，Calbee公司在進貨時間與進貨量上的建議，有助於提升店內產品的新鮮度，進而增加這家店對消費者的吸引力。對於Calbee公司來說，與過去只看銷售量相比，店家更願意遵守鮮度管理的規則，有助於Calbee與店家建立良好關係。

與店家建立良好關係有許多優點。採用地區事業部制後，Calbee可有效率地蒐集到各地方的特賣活動資訊，隨時調整銷售量，使公司不會錯過難得的販售機會，進而提高公司的銷售額。

另外，Calbee也可從商家獲得銷售資訊，並將其運用在生產計劃上。換句話說，Calbee可基於銷售資訊，瞭解到應該要生產那些產品、生產多少，才能在消費者拿到產品時仍有一定的新鮮度。Calbee獲得各地區銷售資訊後，會迅速做出適當應對，譬如與馬鈴薯農家簽訂契約，支援農民種植作物，結合製造與物流，在各個地區建構出一貫化的銷售機制。

　　所以，Calbee可以正確預測產品的需求量與需求時期，讓實體店面的產品維持在新鮮度高的狀態，並規避因進貨過量而須銷毀或折價販售的風險，進而使Calbee成為洋芋片的長期暢銷品牌。

◇鮮度管理機制所衍生出的新課題

　　不過，在市場環境的變化下，又衍生出了新的問題。確實，Calbee的洋芋片品質很好，庫存管理機制也十分優異，獲利能力卻逐漸下降。在趨近飽和狀態的洋芋片市場中，陸續有許多企業加入競爭，爭奪市佔率，使Calbee的市佔率從原本的70%下降至二〇〇八年的60%，營業獲利率也下降了數%。實際上，Calbee洋芋片的販售價格比競爭對手還要貴15日圓，成本率（成本／銷售額）也比競爭對手高7%，所以獲利能力比不上競爭對手（圖10-1）。

　　成本率之所以那麼高，是因為工廠稼動率很低（專欄10-1）。過去的Calbee會依照銷售資訊訂定銷售計畫，再依照銷售計畫於各分區的工廠生產。但這麼做會降低工廠稼動率（實際產能與最高產能的比例），提升成本率。事實上，二〇〇九年的工廠稼動率只有60%左右，有些工廠甚至一週只工作三天。

　　另外，因為原料調度的成本很高，縮減了各個分區的獲利，也使產品的品質變得不穩定。每個分區都需要購買多種原料與器材，管理上相當困難。

第10章

【圖 10-1　Calbee 公司的業績變化】

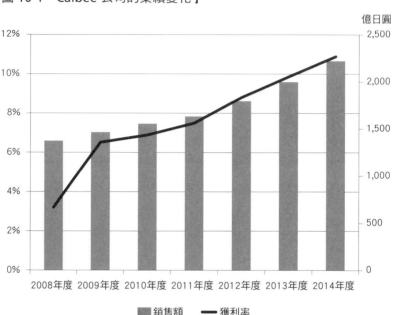

出處：Calbee公司

　　Calbee的原料是農產品，這也是難以從販售資訊管理庫存的原因之一。做為原料的日本國產馬鈴薯每年收穫一次，但收穫量會受到當年氣候的影響，難以確保產品品質與數量的穩定。隨著Calbee公司持續成長，販售量持續提升，這個問題也變得越來越嚴重。因此，除了庫存管理機制之外，Calbee也必須檢討原料採購機制。鮮度管理之類的庫存管理雖然可以提高產品新鮮度，增加競爭優勢，卻也有降低獲利能力的問題。

◇建構出能在維持鮮度的同時提高獲利能力的機制

於是，Calbee重新檢討了庫存管理的方法，將方針改為一次購買大量馬鈴薯，全部製作成產品，然後再全部賣掉。Calbee為了奪回市佔率，提高了銷售費用，將提高洋芋片市場的市佔率列為經營的重點。

也就是說，Calbee一次買下許多馬鈴薯用做原料，除了原本的超市通路之外，還開拓了藥妝店、廉價商品店（譯註：如唐吉訶德）等通路，投入大筆銷售費用，以提高Calbee的市佔率。市佔率提高後，洋芋片的銷售量會跟著增加，進而提升工廠稼動率，以製造出更多產品販賣，同時降低成本率。成本率下降後可提高競爭力，即使販售價格降低也能獲利，故可進一步降低販售價格已獲得更多市佔率。市佔率上升後，又可再度提升工廠稼動率，強化Calbee的獲利能力。這個概念與過去基於販售資訊的鮮度管理機制不同，簡單來說就是「賣越多，架上商品的新鮮度就越容易維持」。

Calbee也強化了原料調度機制，在總公司設置採購部門，集中採購原料。大批購入原料的方式可產生規模經濟效應，降低原料調度成本，不僅不用購買其他不需要的搭售產品，也可以強化與農民的關係。不只是Calbee，契作農民的生產能力也有所提升，這樣的機制有助於生產過程的穩定。若契作農民能遵守Calbee的標準，就能持續不斷地提供穩定的原料。

第10章

專欄10-1

投機性庫存管理與成本率

進行投機性庫存管理後，可一次性大量生產產品。投機性庫存管理能夠減少成本率的原因如下。

首先是「規模經濟」。一次生產大量產品，可以降低生產費用，提升生產效率。舉例來說，生產產品時需要設備，這些設備的費用也是生產必須的費用。若同一套設備可以生產更多產品，即使單位產品的原料價格不變，也能降低單位產品的設備費用。這就是規模經濟的由來。除了生產產品之外，銷售過程中也需要其他費用，在大量生產下，單位產品需要的費用會跟著下降，進而降低成本率。

接著，「經驗效果」也可以降低成本。持續製造相同的產品時，生產線上的員工會越來越熟練，而且在生產過程中，也會逐漸改善生產方式，進而降低單位產品的成本。

再來，「計畫經濟性」也很重要。若進行計畫性生產，就可以將工廠內的生產設定切換次數降到最低，也不需頻繁變更原料調度方式與人員配置。另外，如同本章所介紹的 Calbee 一樣，若能提高工廠稼動率，便能縮短人員等待時間、生產線停擺時間等無用時間，可以連續且穩定的生產出產品，進而降低產品的成本率。

延期性庫存管理方式中，廠商需依照販售資訊，在短時間內生產出產品，故需時常變更生產程序，工廠稼動率不穩定，風險也較高。

投機性庫存管理方式中，不只規模經濟性與經驗效果只可降低單位產品的原料成本，計畫經濟性也可以降低生產線上的成本，這些都可有效降低整體製造成本。

　　結果Calbee的工廠稼動率有了飛躍性的改善，成本率從二〇〇九年的65%降至56%，營業獲利率則上升至10%。即使市場上的競爭仍相當激烈，市佔率卻從二〇〇九年的60%回復至70%。

　　另外，Calbee也採用多樣化的原料。因為原料是農產品，要做到生產量和品質的穩定並不容易，生產規模越大時，就越容易出現問題。所以Calbee除了活用過去的製造方法，也開始使用馬鈴薯以外的原料來製作產品，譬如「Vegips」、「Frugra」等。Calbee新的庫存管理方式，不僅解決了庫存問題、提升在市場上的競爭力，也開拓出了新的市場。

第 **10** 章

3. 存貨的角色與功過

◇存貨的角色

　　存貨（或是庫存）指的是在倉庫與店面架上的產品。消費者不會直接享受到存貨帶來的利益，存貨也不能算做企業的營收。乍看之下存貨似乎沒有必要存在。但如同本章一開始所說的，如果我們前往實體店面時，架上卻沒有我們想要的產品的話，會覺得很懊惱。為了避免這種事發生，店面需要保留一定的存貨。存貨扮演著以下重要角色。

　　第一，存貨可以調整生產與銷售的時間差。為了讓工廠穩定運作，企業必須依照計畫生產產品。但消費者購買產品時，不需顧慮到工廠運作得穩不穩定。當消費者有購買意願時，就會出現消費行為。因此，生產與銷售可能會出現時間差，而存貨可以調整因為這個時間差所造成的供需失衡。

　　第二，當生產量與銷售量有落差時，存貨可做為緩衝。對銷售業者（或通路業者）來說，當店面有存貨時，無論消費者何時前來購買，都有貨可以賣，不會因為無貨可賣而錯過提高營業額的機會。對生產業者（製造商）來說，當工廠內有存貨時，即使銷售量稍有變動，存貨也可以吸收這些變動，使工廠能穩定運作，保持較低的成本。

◇存貨的功過

這樣看來，存貨似乎是越多越好。但要是存貨太多的話，也會產生其他問題。首先，當存貨增加時，會拉長產品從生產到銷售的期間，產品可能會在這段期間內劣化，價值下降。洋芋片剛上市時，就曾因為大量囤積在倉庫而變得不新鮮。

自家公司的行銷方式，以及與其他公司的競爭，也可能導致產品價值的劣化。當自家公司推出新版本的產品，消費者會覺得舊版本產品已經過時。競爭者推出新產品時也一樣。從消費者的角度看來，通常會比較想要購買新版本的產品，或者是有效期限還很久的產品。

這時候，如果企業的庫存還有許多賣不出去的舊版本產品的話，就會變成「不良存貨」，可能還得投入其他資金回收這些不良存貨。另外，存貨還需要資金來維持。

生產產品、累積庫存時，需要投入資金購買原料。只有在賣出商品的時候，廠商才能回收這些資金並賺取獲利。若是庫存增加，廠商需花更多時間銷售的話，就必須花很多時間才能回收生產時投入的資金。舉例來說，如果今天生產的產品會在一個月後賣出，只要準備一個月的營運資金，就可以維持穩定生產；但如果今天生產的產品要拖到一年後才能賣出，就需要準備一年的營運資金。銷售期間拖得越長，就必須準備越多資金。而且，產品的價值也會逐漸劣化，提高回收資金的風險。

第 10 章

　　為減少這些問題，企業常會希望能積極減少存貨。減少存貨有許多優點，首先是提高產品的新鮮度。再來，當廠商想要推出新版本，或者是停賣產品時，存貨量少可以加快產品汰舊換新的速度。因此，良好的庫存管理可以保持洋芋片的新鮮度。

　　也就是說，存貨越少，就可以準備比較少的資金，販售比較新鮮的產品，推出新版本的速率也比較快。若能提供新鮮度高的產品，比較能讓消費者掏錢購買，與通路業者交易時也比較有優勢。

　　以上是減少存貨的優點。不過請您回想一下。前面我們有提到好幾個存貨的重要功能。要是沒有存貨的話，也會產生新的問題。為了避免市面上的商品缺貨，或是生產過程混亂，企業通常會有效率地管理庫存。以下就讓我們來看看庫存管理是怎麼回事吧。

4. 庫存管理的設計

◇延期性庫存管理

　　所謂延期性庫存管理，指的是盡可能延後「判斷應有庫存量」的時間，最好再開始販賣產品前才做出決定。之所以要延後判斷的時間，是為了要用預估的銷售量做為判斷應有庫存量的依據。企業會依照銷售資訊訂定庫存管理計畫，所以庫存管理會反映出最新的銷售資訊。換言之，延期性庫存管理可以說是「用零售店家的銷售量決定庫存量的方法」。

　　要實現這種方法有幾個條件。首先，企業必須能夠獲得自家產品「在零售店」的銷售資訊。譬如由零售業者統計的POS資料，以瞭解店面賣出哪些商品、賣了多少；或者也可透過不定期的促銷活動及其他業務活動蒐集銷售資訊。除了靠自己的力量之外，企業通常也要和原料供應商及其他交易對象合作，才能蒐集到完整的銷售資訊。再來，企業必須建構「生產量與銷售量連動」的機制，也就是建構出一個能在獲得銷售資訊後，迅速且仔細調整生產計劃與生產量的機制，並減少從生產到販賣的過程中所需要的時間。第三，企業必須設置一個管理者，基於獲得的銷售資訊進行庫存管理。這位管理者必須依照銷售資訊決定採購的原料量，並協調生產、物流等部門，指示他們「只製造（運送）賣得掉的量」。

　　Calbee之所以能夠提高產品的新鮮度，是因為他們很重視銷售資訊。他們會蒐集不定期零售商的促銷資訊，以防錯過提升銷售量的機會。另外，為了讓生產量能迅速跟上銷售表現，Calbee讓各分區各自進行原料採購與產品生產，以期能彈性調整生產量。而且，

為了讓產品在送到零售店時還能保持新鮮度，Calbee向通路商及零售商提案新的庫存管理方式，並獲得了這些交易對象的合作。以上做法讓Calbee能依照最新的銷售資訊，迅速調整庫存管理，同時還能保持洋芋片的新鮮度。

延期性庫存管理是以配合銷售量、盡可能減少庫存為目標的庫存管理方法。因此延期性庫存管理最大的優點就是可以減少不良存貨的拋棄成本，以及減少倉儲成本。第二，因為庫存的管理方式由銷售資訊決定，所以應對需求變動的能力相對較高。第三，架上產品可以保持一定的新鮮度，使產品維持一定吸引力。因為庫存量一直不多，所以商家不需為了減輕庫存壓力而降價促銷，使產品的品牌印象維持在一定水準。

另一方面，因為庫存量較少，要是銷售狀況比預料中好很多的話，就難以準備足夠產品販賣，缺貨的風險很高。而且，為了要因應銷售狀況的變化，企業必須頻繁更新庫存決策，改變原料採購量與生產量。這很可能會提高生產成本與庫存管理成本，Calbee也因此而面臨工廠稼動率降低與成本率升高等問題。

◇投機性庫存管理

若採用投機性庫存管理方法，企業會在與存貨相關的資料尚不足以判斷情況時，就提早做出決策，是一種投機的決策方式。採用投機性庫存管理時，企業會預先訂定行銷策略，並以這個策略進行庫存管理，在提升生產效率的同時，也致力於提高銷售量。所以投機性庫存管理也可以說是「由行銷戰略決定庫存量的方法」。

專欄10-2

支撐快時尚產業的延期性庫存管理

有個行業靠著延期性庫存管理，創造出劃時代的商業模式，那就是服飾業。

這種商業模式叫做 SPA（Speciality store retailer of Private label Apparel），也稱做製造零售業。因為從產品企劃到零售全部一手包辦，所以企業可依照最新的銷售資訊，立即調整生產與存貨的管理，快速製造出當下流行的各種產品並銷售。

服飾業界中，首先採用延期性庫存管理，並將其命名為 SPA 的企業是美國的大型服裝公司 GAP（GAP Inc.），當時是一九八七年。不過，現在使用 SPA 模式的企業以不僅限於 GAP，譬如 ZARA，H&M 等世界級服飾公司，以及 World、Uniqlo、Honeys 等多家日本服飾公司也是使用 SPA 模式營銷。

流行服飾的變化很快，所以時尚的新鮮度相當重要，我們卻很難預測未來會流行什麼。也就是說，如果庫存太多的話，也會承擔很高的風險。因此，時尚產業多會觀察銷售狀況，採用延期性庫存管理，精確計算要販賣哪些產品，又要賣多少。

確實，採用延期性庫存管理時，需視當下的銷售狀況決定生產量，難以享受到規模經濟的優勢。但是，時尚產業出現不良庫存的風險本來就偏高，與其為了彌補不良庫存的損失而提高產品價格，降低競爭力，不如放棄規模經濟的優勢，生產需要的量就好。雖然延期性庫存管理也有賣到缺貨的風險，但在購買服飾時，消費者通常不想買到和其他人重複的產品。在這種心理作用下，一定程度的缺貨反而會讓消費者更想要這種產品。和每次都展示相同衣服的店面相比，每次都展示不同衣服的店面對消費者的吸引力更大。以 GAP 為首的各大時尚企業，都是由延期性庫存管理支撐起來的。

第 10 章

　　若想實現這個概念，行銷部門與庫存管理部門的合作便相當重要，因為庫存的多少需由行銷策略決定。而且這種庫存管理方法下，常會預先一次生產出大量產品做為存貨，故企業需承擔銷售狀況可能遠不如預期的風險。視銷售情況彈性調整行銷策略，也是兩部門的合作過程中不可或缺的機制。另外，為了讓產品保有一定品質，生產線場與原料採購部門必須達成一定程度的共識，所以採購部門的統籌管理也相當重要。

　　以Calbee為例，當Calbee的獲利能力惡化時，他們決定投入更多銷售費用，提升市佔率，藉此提高工廠稼動率，並採購更多原料。確實，採用投機性庫存管理時，是依照事前預測來決定庫存策略，需承擔預測失準時庫存量過多或過少的風險。不過在Calbee的例子中，他們在轉換成投機性庫存管理時，花費大筆銷售費用以提升市佔率，這種行銷策略確實能有效提升銷售量。另外，由於工廠稼動率跟著提升且穩定了下來，實現了大量生產的目標，進而降低生產成本。統一採購原料除了可降低採購成本之外，也能強化與生產者的合作關係。這些都有助於提升Calbee洋芋片產品的競爭力與獲利能力。

　　投機性庫存管理最強大的優點是，能夠穩定且大量地生產產品。這種管理方式會一次生產出大量產品做為庫存，故生產過程不會被頻繁變動的銷售成績影響，也不會因為設定頻繁更改而造成生產上的損失。單次生產量的提升與單價的下降，可產生規模經濟效應。另一個優點則是能確實執行企業訂定的行銷策略。

【表 10-1　兩種庫存管理的設計 特徵整理】

延期性庫存管理		投機性庫存管理
盡可能將庫存管理策略延後到開始銷售之前再做決定	特徵	即使對庫存管理策略仍沒有把握，仍提早做出決策
依照銷售量決定庫存策略的機制 統一管理庫存的管理者 與上游原料商及下游交易對象的合作機制	必須的要件	行銷部門與庫存管理部門的合作 與上游原料商及下游交易對象的合作機制
僅需保有少量庫存 可保持架上產品的新鮮度 應對需求的能力較高	優點	可實現大量、穩定的生產過程 可確實執行行銷策略
缺貨風險高 採購量與銷售量的頻繁改變會導致成本上升	缺點	持有不良庫存的風險升高 產品新鮮度下降的風險升高

出處：作者製作

　　另一方面，因為庫存管理策略並非由實際的銷售資訊決定，而是完全基於事前預測，故存在預測錯誤的風險。因此，當產品新鮮度下降、轉變成大量不良庫存時，就會有無法回收資金的風險。在Calbee的案例中，由於Calbee長年以來致力於新鮮度管理，在洋芋片商品上擁有很強的品牌力量，故可透過銷售費用的投資來彌補投機性庫存管理的弱點，這是Calbee之所以能採用投機性庫存管理的重點。

第10章

5. 結語

　　本章以Calbee的洋芋片為例，說明庫存的角色，並簡單介紹兩種庫存管理策略。兩種庫存管理策略各有優缺點，不是說哪個一定比哪個好。因此重點在於各個企業或產品能否因應狀況選擇適合的管理策略。適當的庫存管理能夠提高企業的行銷效率與組織能力，穩定提供原料及庫存的供給，以應對消費者持續變動的需求。Calbee在企業與產品持續變化的環境下，確實檢討了自身的管理方式，這正是本章的重點。

❓ 問題思考

1. 試瀏覽Calbee的首頁，查詢他們採購原料的方法，以及提高產品新鮮度的方法。這些方法如何幫助他們管理庫存呢？請以本章內容為線索思考問題的答案。

2. 試瀏覽任何一個製造商的網頁，查詢他們採購原料的方法，以及管理自家公司的產品庫存的方法。這家製造商採用的是延期性庫存管理，還是投機性庫存管理呢？試思考為什麼他們要用這種方式管理庫存。

3. 試思考企業採用延期性庫存管理或投機性庫存管理時，分別會有那些優缺點？這兩種不同的機制分別適合在什麼情況下採用？判斷需使用哪種庫存管理方式時，會以哪些要素作為判斷基準？

進階閱讀

藤野直明『サプライチェーン経営入門』日本経済新聞社、1999年
小川進『ディマンド・チェーン経営』日本経済新聞社、2000年
齊藤孝浩『ユニクロ対ZARA』日本経済新聞出版社、2014年

第 **10** 章

參考文獻

「カルビー『いかに儲けるか』商売の原点と向き合い続けた1500日」、『PRESIDENT』、2013年12月16日号、pp. 102-106

「カルビーはどうやって儲かる会社にかわったか　カルビー松本晃会長兼CEOインタビュー（前編）」、『DIAMOND　ハーバード・ビジネス・レビュー　Web記事』、2014年05月21日

「ビジネスで大切なことは『世のため人のため』と『儲ける』こと　松本晃カルビー代表取締役会長兼CEO」、『WEB GOETHE』

2011年3月期～2014年3月期カルビーグループ決算説明会資料

2015年3月期カルビーグループ決算説明会資料

第 11 章

品牌建構
MANDOM GATSBY

第1章
第2章
第3章
第4章
第5章
第6章
第7章
第8章
第9章
第10章
第11章
第12章
第13章
第14章
第15章

1. 前言

　　日本的上班族通常會穿西裝上班。不過有些人並不被這種規範拘束，而是在工作時自由選擇穿著的服裝。總公司在大阪市的MANDOM公司（以下稱MANDOM）的員工們就是其中之一。該公司靠著「GATSBY」品牌在男性化妝品市場建立了穩固的地位，擁有自由開放的企業文化，員工們常穿著牛仔褲、T恤等休閒服裝（casual wear）上班。MANDOM致力於挖掘新的顧客需要，並成功開發出許多新的市場，譬如藥妝店與便利商店常看到的頭髮定型液、近年推出的體用濕巾（擦拭用的化妝水紙巾，二〇一四年時擁有80%的市佔率）等。

　　本章提到的GATSBY常在主流媒體上以獨特的廣告吸引目光，提升消費者對該品牌的注意。年輕男性在出席正式場合時，常使用他們的產品。不僅如此，二〇〇八年起，GATSBY舉辦了「GATSBY Dance Competition」，是亞州規模最大的街舞比賽。就這樣，GATSBY透過與品牌形象相近的影像、音樂、舞蹈，讓日本與其他亞州地區的年輕人感受到「這個品牌太厲害了，很瞭解我們想要什麼」的共鳴。

　　GATSBY的品牌管理著重在瞭解目標客群在日常生活中的角色，並希望自家產品能幫助顧客扮演好他們的角色。本章將以MANDOM打造出來的暢銷品牌GATSBY為例，簡單介紹品牌從誕生到成長為暢銷品牌的過程，分析暢銷品牌的打造方式，以及在激烈競爭中存活下來的策略。

2. 「GATSBY」品牌的設計策略

◇男性化妝品市場的開拓

　　雖然男性化妝品市場整體而言趨於萎縮，MANDOM的GATSBY在日本的市佔率卻高達21%，穩坐市場第一名，是個成長穩定的品牌（二〇一四年四月～二〇一五年三月）。以下就讓我們來看看這個熱銷品牌誕生、擴大的歷史。

　　MANDOM起始於一九二七年創業的「金鶴香水株式會社」。MANDOM現任社長西村元延的祖父西村新八郎於一九三二年就任金鶴香水株式會社的董事長，並陸續推出各種髮蠟、護髮乳、藥用乳霜、肥皂等產品，鞏固事業基礎。其中於一九三三年販售的「丹頂TIQUE」是以植物性原料製成的固狀造型劑，適合用於打理當時流行的髮型，廣受大眾好評。公司名稱為金「鶴」香水，丹頂這個名字則源自「丹頂鶴」。丹頂TIQUE已在市面上銷售超過八十年，且仍在販售中，是一項長銷產品。在第二次世界大戰後的一九五九年四月，金鶴香水將公司名稱改為丹頂公司，並以著名男性化妝品廠商為人所知。

　　到了一九六〇年代，坊間開始流行用液狀造型劑抓髮型，這使得以固狀造型劑為招牌的丹頂公司陷入苦戰。到了一九七〇年，丹頂公司推出「MANDOM系列」，其中的某些產品為液狀造型劑。這系列產品發售時所播放的電視廣告，是日本廣告史上第一個有好萊塢明星登場的廣告，讓世人大為驚嘆。MANDOM（當時仍稱金鶴香水）從昭和初期開始，就在報紙、雜誌上刊登廣告，也在飛機上宣傳、打造「花電車」於路面行駛、在道頓堀看板上刊登廣告，

第 **11** 章

積極進行宣傳活動。當時的廣告詞「一滴、兩滴、三滴、素敵」（譯註：日語美妙之意）曾蔚為風潮。在MANDOM系列發售時，還請來著名電影導演，大膽地投入大筆製作費用拍攝廣告。

MANDOM這個字由MAN（男人）和DOMAIN（領域）兩個字組合而成。MANDOM請來能夠表現出「男性魅力」的好萊塢明星拍攝廣告，建構出獨特的世界觀。廣告中的口號「嗯～MANDOM」也成為了當時的流行語。該系列發售後，知名度迅速在日本各大都市（東京、大阪）的90%男性，一口氣建立起品牌。因為該系列產品廣受好評，故也在一九七一年四月時，正式將公司名稱改為MANDOM。

在這之後的一九七〇年代，公司業績越來越好，但MANDOM系列卻沒能繼續推出熱銷產品。另一方面，資生堂等化妝品廠商選擇直接與零售店交易（不透過批發商），並設置專櫃販賣產品，強化對市場的支配力。在這樣的市場環境下，一九七八年時，MANDOM也決定要直接與零售店交易，GATSBY就是為了這個策略特地打造的品牌。

◇GATSBY品牌的建構

GATSBY於一九七八年發售並持續成長，成為了MANDOM的主要品牌。公司的產品類別持續擴張，包括定型液、臉部保養液、體部保養液、除毛霜、香水、染髮劑等等，光是在日本國內就推出了七大類別共149種產品，成為了化妝品的大品牌，銷售額超過200億日圓，若計算國外銷量，則高達每年388億日圓（二〇一四

年）。目前，GATSBY相關產品貢獻了超過50%的MANDOM銷售額，是公司的支柱。不過這艘船並非一帆風順。

GATSBY一開始是以25歲以上的消費者為目標客群，給人歐風高級感、厚重感的印象。然而，後來坊間流行的生活型態轉為推崇輕生活、自然生活，使GATSBY的產品陷入苦戰。基本上GATSBY這個名字就是源自於《大亨小傳》（The Great Gatsby），廣告中設定MANDOM請來的好萊塢明星是第一代Gatsby，他在廣告中推薦GATSBY產品給他的兒子，但這不符合當時流行的生活型態。

而且，為了防止價格崩跌並提升販售效率，MANDOM改採直接銷售形式販賣產品，但這卻大幅提升了業務成本與物流成本，並造成庫存過剩，使公司的經營狀況陷入危機。後來，MANDOM於一九八〇年八月更換經營陣容，開始了新的經營制度。這種狀況下的MANDOM已無打造新品牌的餘力，只能仰賴原本GATSBY的知名度，尋求東山再起的道路。

MANDOM把重新打造GATSBY品牌的希望賭在些微的可能性上，將GATSBY的目標客群改為10至25歲，盛裝用容器的材質也從玻璃換成塑膠，還邀請了當時著名的日本演員來拍攝第二代GATSBY廣告，從原本強調厚重感的風格轉換成訴求感性、輕鬆感的印象。在販售上MANDOM也開始重視便利商店通路，從原本的高雅轉為平易近人的形象。甚至還在產品貼上廣告貼紙自我推銷，於實體店面開架販售，是男性化妝品業界的初次嘗試。另外，MANDOM也引入新的資訊卡制度，開始重視與第一線銷售的聯繫，將資訊蒐集能力列入業務負責人的表現評價，表彰能提供優質、大量資訊的員工。MANDOM與其他大型化妝品製造商不同，

第 **11** 章

專欄11-1

品牌經驗

近年來，許多公司販賣的東西從商品轉變成「經驗」。除了功能上的價值之外，也盡可能提高情緒上的價值，藉此滿足更多顧客，創造出新的品牌經驗價值。企業越來越重視與各種顧客的接觸點，並透過這些接觸點創造出讓顧客感到喜悅、驚奇、感動的經驗。提出經驗價值行銷的 Bernd Schmitt 將經驗價值分為「Sense」（感覺的經驗價值）、「Feel」（情緒的經驗價值）、「Think」（創造性的、認知的經驗價值）、「Act」（肉體的經驗價值、生活型態等）、「Relate」（與特定團體或文化間的關係）等五種類型。

除了廣告之外，消費者也可能透過其他方式與品牌產生接觸點。像是人們的口耳相傳、參觀展覽、參與活動等。舉例來說，做為高級車的賓士曾在二○一一年時以「連結」為概念，設置「賓士Connection」展示場。店內並沒有販售汽車，而是設置高級餐廳與咖啡廳，並提供名為「Trial Cruise」的試乘服務。與直接推銷產品的一般銷售據點不同，這樣的展示場可以讓消費者更為親近品牌，更為直接地創造出品牌經驗。

經營這類設施、舉辦各種活動，提升品牌的認知度，讓消費者透過體驗產生的感情成為對品牌的聯想的一部份，被認為可以提升品牌的經驗價值。

沒有自己的連鎖店，所以必須自己建構一套機制，掌握實體店面的銷售情形與消費者的喜好變化。

　　一九八五年時，MANDOM由資訊卡制度獲得的資料開發出了新的產品，推出市面上第一個泡沫狀定型液（慕斯）。之後GATSBY也定期推出新的定型劑，並以10～30歲的男性消費者為目標客群，提出許多新的打扮習慣，在目標客群中獲得屹立不搖的地位。

◇支撐長銷品牌的機制

　　GATSBY跟隨著時代潮流，成功在年輕客層的市場中創造出品牌價值並持續維持。推出時下流行的產品、持續更新、隨著季節變化提案不同的休閒裝扮，使GATSBY在男性化妝品的市場上獲得一定支持度。現在提到男性化妝品時，40～60歲的人們會想到頭髮定型劑，40歲以下的人則會想到皮膚保養。對年輕客群來說，比起展現強烈個性的髮型，更想要的是自然的髮型，以及保持臉部、身體的清潔。這種心態上的變化，可能源自於逐漸重視自己原本的樣子的生活型態、男女平等意識的崛起等社會背景。隨著進入社會的女性的增加，越來越多男性在學校及職場也開始注重起自身的清潔感。

　　在這樣的環境變化下，化妝品市場中的臉部保養、身體保養（包括洗面乳、化妝水、防曬乳等）產品也跟著成長（圖11-1 為GATSBY各類商品的銷售金額成長比例）。MANDOM不堅持只賣頭髮定型劑，而是選擇盡早跨入皮膚保養領域，推出相關消費產

品，成功將品牌規模擴大到超越以前的盛況。而支撐著這個過程的，就是前面提到的資訊卡制度。

　　某天，MANDOM透過資訊卡制度獲得了擦拭用潔面濕紙巾的銷售資訊。開發團隊感覺到了這種產品的可能性，於是著手開發相關產品。為了與當時已存在的吸油面紙、濕紙巾做出差異化，MANDOM為新產品設定「外出時洗臉用的紙巾」的概念，而非單純的紙巾。MANDOM著重在產品的清爽感，最後便設計出我們今天看到的潔面濕紙巾與潔體濕紙巾等消費品。

【圖11-1　GATSBY 各類產品的銷售金額成長比例（以 2000 年為標準）】

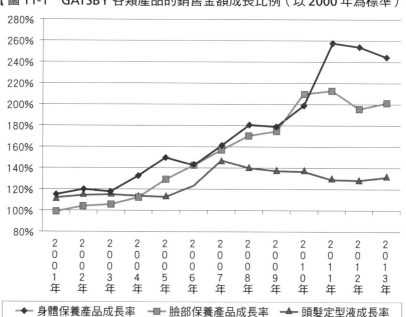

出處：作者整理MANDOM公司的資料後製作而成

　　這種資訊卡制度從二〇一四年起轉移到「公司內SNS」系統上。現在公司每半年就能獲得超過4,000件相關資訊。掌握這些微小變化的徵兆，提出新產品與相關政策的人，通常不是什麼高級幹部，而是理解品牌應有的樣子，並基於這樣的形象展開行動的每一位員工。一般來說，能否善加運用公司內部系統，常取決於每位員工的個人特質，不過MANDOM公司的員工大多能理解品牌的方向性，掌握年輕客群的需要，並將其轉換成品牌的獲利。GATSBY品牌誕生後過了近40年，已推出七大類共149種產品，不過這些產品並不是在經營層的指導下推出的，而是前面提到的各個員工在意識到多樣化的消費者生活型態後提案，進而發展出各種新的商品類別，擴大品牌涵蓋的產品範圍。

　　MANDOM的一位重要幹部曾經用人格來比喻品牌。他說，外表會改變，重要的是不要失去人格。為了面對多樣且變化多端的市場，MANDOM會改變產品、包裝、價格、販售通路、代言藝人，但做為品牌核心的產品價值、logo、廣告的世界觀、代表色等等，不能輕易改變。從物理層面看來，從這些事物中獲得觀念性價值的思考方式，正是理解長銷品牌策略時的重要想法。

第**11**章

3. 品牌的建構、維持、強化

◇做為無形資產的品牌力量

品牌Brand一字源自於英語的Burned（烙印）。牧牛人會在放牧的牛上烙印，標明牠的主人是誰。而現代的品牌則是「為了讓消費者識別不同賣家／賣家集團的商品或服務，與其他公司的商品或服務做出差異化的名稱、詞句、符號、象徵、設計，或者是以上的組合」。在消費者選擇商品或服務時，常會將品牌視為重要的參考。有些產品或服務一看就知道內容是好是壞，但也有些產品或服務得在實際使用後才能做出評價。不過，如果新產品是消費者熟悉的品牌，這個品牌就能成為品質保證的標誌。

將品牌視為資產價值（＝權益equity）的概念在一九八〇年代時逐漸一般化。也因為如此，在當時盛行企業併購事件中，品牌被認為有金錢上的價值，可視為無形資產接受評價。所以我們可以說「所謂的品牌權益，指的是品牌化的產品或服務在行銷後的結果，與未品牌化的產品或服務之間的差異」。也就是說，消費者會因為經驗的差異而對品牌有不同認識，進而對不同品牌的行銷活動有不同反應。為了建構出這樣的品牌權益，企業必須從中長期的觀點投資行銷活動。這是因為，品牌權益較高的品牌，也享有顧客較高的忠誠度，較不會陷入削價競爭，而是能夠利用既有的品牌印象持續擴大事業。若想建立強大的品牌，就必須透過各種與消費者的接觸點，提高品牌在消費者心中的層次、熟悉度、記憶度，建立正面且獨特的品牌聯想。

專欄11-2

大衛・A・艾克

　　品牌策略理論的提倡者首推美國加州大學柏克萊分校的哈斯商學院名譽教授，大衛・A・艾克（David A. Aaker）。他認為眼睛看不到的無形資產，品牌權益（brand equity）會大幅影響企業的業績。除了美國之外，大衛也很熟悉日本與其他國家的公司的案例。他很喜歡日本，拜訪日本的時候還會特別選在有相撲比賽舉行的時期。當年美國 Marketing Science Institute（行銷研究機構，簡稱MSI）曾指定「品牌」為最重要的研究主題，使與品牌相關的研究工作迎來繁盛期。不過，將各領域中與品牌有關的理論系統化的人，卻是大衛・A・艾克。

　　本章中提到的品牌權益，由大衛的《品牌權益戰略——創造出競爭優勢的名稱、象徵、口號》（日本由 Diamond 社出版，一九九四年）一書正式概念化，書中強調品牌資產需要適當管理。而在他接下來的著作《品牌優勢的策略——創造顧客之 BI 的開發與實踐》（日本由 Diamond 社出版，一九九七年）中，則把焦點放在如何建構出品牌權益上。這本書提倡品牌識別（brand identity）的概念，認為品牌應為行銷的起點，而非行銷的結果。

　　品牌識別由四個面向，共十二個維度構成，分別是①品牌的產品面向（產品類別、產品屬性、品質或價值、用途、使用者、原產國家）、②品牌的組織面向（組織屬性、在地組織或跨國組織）、③品牌的人物面向（品牌人物形象、品牌與顧客的關係）、④品牌的象徵面向（視覺形象與隱喻、品牌的傳統）。原本 identity 就是「自我同一性」的意思，所以品牌識別重視的是①穩定性與時間連續性、②獨自性以及與其他品牌的差異化。

第 **11** 章

◇品牌活化策略

隨著市場漸趨成熟，保持既有品牌的新鮮感，並持續活化品牌的重要性也逐漸提升。要是品牌對新顧客的吸引力降低，就沒辦法彌補既有顧客的流失。而且隨著年齡的上升，顧客接觸新通路的動機會逐漸下降，這將造成品牌進入成熟化階段。一旦進入成熟化階段，品牌就會逐漸老化，逐漸失去對顧客的吸引力，品牌權益也會逐漸下降。

為避免演變成這種狀況，企業可展開品牌活化策略。依照品牌可提供價值的新舊，以及目標顧客的新舊，品牌活化策略可分成四種。第一種是加強既有市場應對的策略：企業可強化既有顧客喜好的價值，增加既有顧客的使用機會（譬如「增加○○成分」、「僅限這次，增量○○％」等）為目標。第二種是活化既有顧客的策略：提出產品的新價值與新用途，促進顧客購買及使用頻率（譬如「增加○○效果」或「也可以在○○的情況下使用」等）。第三種是吸引新目標顧客的策略：以既有的產品價值為基礎，以過去不是目標客群的人們為目標客群的策略（譬如「年長者也推薦的○○」等）。第四種則是開拓新市場的策略：新產品擁有品牌過去不曾提供過的價值，並以創造新顧客為目標的策略（譬如「無酒精的○○」）。

【表 11-1　成熟品牌的活化策略】

	提供既有價值	提供新價值
既有目標顧客	加強既有市場的應對	活化既有顧客
新的目標顧客	吸引新的目標顧客	開拓新市場

出處：修改自田中洋（二〇一二）82頁

活用廣為人知的品牌名稱加入新市場時，可以利用顧客對該品牌已有的經驗，提高顧客對新產品的品牌認知，這個過程也稱做「品牌擴張」。以既有品牌為基礎，建立新品牌時便可節省費用（包括通路、促銷、設計等），同時也能創造出品牌的多樣性。

◇內部品牌化

過去，品牌會在組織外形成品牌意識，這樣的過程稱做外部品牌化（external branding）。另一方面，在組織內形成品牌意識的過程則會稱做內部品牌化（internal branding）。內部品牌化不只是讓品牌應有的樣子（identity）成為領導組織的象徵，更是讓所有組織成員訂下共同目標，醞釀共通價值觀的活動。在多樣化且不斷變化的環境下經營品牌時，能否讓組織成員自動自發地行動，可以說是防止品牌在成熟市場環境下空殼化的關鍵。

在多數企業中，經營層會表現出企業的應有姿態，為品牌賦予意義（sense-giving），每位員工需自行體會品牌的意義（sense-making）。簡單來說，就像是制定「品牌的憲法」，透過公司內媒體傳達給每位員工，有時會舉辦研討會，發送指導手冊。不過，要是員工沒有真正理解品牌的方向性，把經營品牌當作自己的事，並在平時的判斷與行動中實踐的話，品牌對員工來說也只是「畫在紙上的餅」而已。若希望組織內的各種行為都能表現出品牌的「形象」，奠定企業文化，就必須維持組織內執行各種行動時，能夠相互交流的自由文化。

第 11 章

4. 結語

聽到品牌管理，可能會讓您聯想到廠商請來著名藝人代言，在電視等主流媒體上大打廣告，並推出豪華包裝及實體店面促銷以吸引消費者注意等行為。但如同本章所介紹的，品牌打造並非一朝一夕可以做到，而是需要企業在長期之下的自我認同與一貫的交流方針，以及能夠跟著時代變化持續活化的能力。這樣的行銷活動，才能讓消費者產生對品牌的信任，建構出讓消費者持續購買產品與服務的機制。

❓問題思考

1. 請一邊閱讀本章正文，一邊瀏覽GATSBY的首頁，說明新產品有
   哪些特徵。
2. 試思考長銷品牌有哪些特徵。
3. 試思考您所屬的組織有什麼樣的品牌活化策略。

進階閱讀

石井淳蔵『ブランド—価値の創造—』岩波新書、1999年

Kevin Lane Keller著，楊景傅、徐世同譯《策略品牌管理》華泰
　文化，2020年

Bernd H. Schmitt著《Experiential Marketing: How to Get
　Customers to SENSE, FEEL, THINK, ACT, and RELATE to Your
　Company and Brands》Free Press, 2011年

參考文獻

株式会社マンダム公式ホームページ、社史

株式会社マンダム公式ホームページ、アニュアルレポート

David A. Aake《Building Strong Brands》Free Press, 1995年

田中洋『企業を高めるブランド戦略』講談社、2002年

平林千春『365日のオンリー・ワン・マーケティング–マンダムの
　革新的DNA経営–』ダイヤモンド社、2004年

Majken Schultz, Yun Mi Antorini and Fabian F. Csaba,
　Corporate Branding: Purpose/People/Process, Copenhagen
　Business School Press, 2005.

第11章

第 12 章

業務活動
可果美 瀨戶內檸檬

第 12 章

1. 前言

「業務的工作是什麼？」被這麼問時，你可能會想回答「販賣產品」。那麼當你被要求去販賣產品時，你會怎麼做呢？首先找到願意買你的商品的人，然後用一些話術說服對方購買，或者低頭請求對方購買，設法讓商談能順利進行下去。不過，販賣產品時需要的東西其實不只這些。

本章第一個目的，就是理解業務工作的多樣性。業務工作一言以蔽之就是賣東西，卻包含了許多無法用一句話就說明完畢的多種活動。而且，要讓如此多樣化的工作順利進行，需要注意的重點與眉角更是多樣且複雜。瞭解進行業務活動的重點，則是本章的第二個，也是最重要的目的。

為了達成這些目的，本章將以可果美公司為例，介紹他們如何進行業務活動。可果美在二○一二年二月時發售了「野菜生活100瀨戶內檸檬 Mix」與「野菜生活100 Refresh 瀨戶內檸檬&白葡萄」這兩種蔬果汁（以下統稱為「瀨戶內檸檬」），本章將以可果美中國分公司（此指日本的「中國地區」，現已改為中四國分公司，以下同）為中心，介紹該公司的業務活動案例。

2. 瀨戶內檸檬協定與可果美的業務活動

◇東日本大地震與可果美

　　二〇一一年三月十一日，東日本遭到規模9.0的巨大地震襲擊。這次地震引起了巨大的海嘯以及核能電廠事故，造成相當大的損害。許多企業蒙受巨大損失，嚴重傷害了日本經濟。

　　可果美也是受損嚴重的企業之一。可果美是日本最大的蕃茄產品製造商，也是將蕃茄引入日本作為食用的公司。為了生產蕃茄醬、蕃茄糊等蕃茄加工品，可果美還經營蕃茄園。二〇一三年時，可果美的蕃茄供給量佔了全日本的約32.1%。除了蕃茄以外，可果美也製造、販售許多飲料產品。

　　可果美在地震中受到相當大的損害，除了相關人員的死傷之外，在財產損失方面，包括存貨在內共損失了28億日圓。另外，可果美還捐獻給受災戶、受災地價值約4億日圓的金錢及物品，在二〇一一年三月的年度結算中，合計共有36億日圓的特別損失（其中有4億日圓是與地震無關的特別損失）。

　　其中，做為可果美主要工廠的那須工廠停止作業，對公司的影響十分巨大。該工廠負責生產許多可果美的主力產品，包括寶特瓶、罐頭產品，以及大部分的蔬果汁。另外，負責製造調理包食品、業務用飲料的茨城工廠也不得不暫時停工。其他像是東北分公司、磐城小名濱菜園、配送中心、東北共同物流中心等許多設施也蒙受重大損失。

第 **12** 章

　　這使得可果美在地震後仍處於無法提供部分產品的狀態。對於業務部門來說，沒有可以賣的東西就幾乎等於沒有工作。這時候可果美的業務負責人才重新認識到商品的重要性。

◇「瀨戶內檸檬」的開發

　　大地震後，前往廣島市中國分公司擔任副負責人的是宮地雅典先生。他過去曾在第一線擔任十年的業務負責人，後來在總公司行銷部門與管理部門歷練後，被認為擁有能勝任分公司負責人的能力。不過在東日本大地震後，公司生產不出能賣的產品，使得業務活動裹足不前。當然，做為業務負責人，仍必須持續接觸熟客，但也因為無法提供產品，只能不停的道歉，度過空虛的每一天。同時，他也在尋找突破這個困境的方法。

　　轉機發生在宮地先生就任分公司負責人時，拜訪廣島縣廳提案合作的時候。當時宮地先生希望能讓可果美的調味料與當地特產合作推出產品，在實體店面販賣。宮地先生詢問縣廳職員「請問廣島縣想要賣什麼樣的食材呢？」時，得到了「檸檬」這個意外的答案。事實上，廣島縣的檸檬生產量是日本第一。不過這個事實別說是外縣民眾，連廣島縣民知道的也不多。雖然產量是日本第一，廣島縣卻沒有充分利用這個優勢，實在是相當可惜。於是他們就開始制定販賣檸檬的計畫。不過在這個時間點，不管是可果美還是廣島縣的負責人，都沒有想到什麼好點子來販賣廣島生產的檸檬。

　　隔週，宮地先生與縣廳的負責人一起到buffet式餐廳用餐時，吃了各品種的檸檬。雖說如此，宮地先生也只覺得吃了一堆檸檬而已。而且廣島產的檸檬價格偏高，是進口檸檬的兩倍。但是廣島的檸檬在味道上確實和進口檸檬有所差異。廣島的檸檬有著溫和的酸味，而且幾乎不使用農藥，所以可以連皮一起吃。宮地先生注意到了這點，於是可果美開始嘗試開發能好好利用這個特徵的產品。

　　雖說如此，開發新產品時，常需要花上很長一段時間，才能被一般人認知，進入一般人的生活中。於是宮地先生也常和總公司商品開發部門的負責人討論，是否要自行開發飲料產品。總公司的商品開發人員常被叫到廣島，在多次嘗試錯誤中，也和各式各樣的人見了面。為了掌握廣島檸檬的特徵，他們直接與檸檬生產者對話，也和JA（日本農業協同組合，類似台灣農會的組織）一起討論相關問題。後來也透過JA聯絡檸檬汁壓榨公司，以及銷售冷凍果汁的公司。對可果美來說，如果是檸檬汁的話，商品化的可能性就高了許多，推出暢銷產品的可能性也高了許多。因為可果美過去也曾經用過許多蕃茄以外的蔬果製造蔬果汁商品。商品開發者嘗試過多種試作品後，將報告提交給公司內的開發會議，終於獲得上層的同意。接著將完成品交給縣廳負責人試飲時，獲得了很高的評價。

　　這是個很大的轉機。這個使用廣島縣產的檸檬製作的果汁，是由廣島縣與可果美的共同企劃開發出來的產品，是兩個機構合作的象徵。而且，這個企劃並非在商品製造與販售後就結束，廣島縣與可果美締結了「瀨戶內檸檬協定」，持續進行相關計畫。這個企劃不只使用廣島縣的檸檬做為產品原料，也致力於宣傳「廣島的檸檬生產量是日本第一」的事實，提升「廣島縣」這個品牌。另外，因

第12章

為瀨戶內海的關係，瀨戶內各地區自古以來就有很緊密的連結，當地人希望能將各地區融為一體，以期能有效提升品牌的力量。而可果美也全力協助瀨戶內地區的整體品牌提升行動，與廣島縣簽訂各種官民合作的協定。

本階段中，有相當多的相關人士加入了這個企劃。原本檸檬汁的銷售僅是廣島縣地區政策局「海之道路構想企劃」與可果美中國分公司發起的企劃，後來廣島縣的農林水產局、管理政策的總務局、縣知事（縣長）、宣傳部門也加入計畫。另外，以JA為中心的檸檬生產者、檸檬汁加工業者也跟著加入計畫。不僅如此，除了中國分公司之外，以可果美公司高層為首，包括商品開發部門、宣傳部門等也加入團隊，成為一個動員全公司人員的企劃。

就這樣，在宮地先生首次拜訪縣廳後約十個月的二○一二年二月八日，廣島縣與可果美簽訂了「瀨戶內檸檬協定」。這個協定最大的目的是提升廣島檸檬、瀨戶內檸檬的資訊傳播程度與認知度。這個企劃的目標不只是提升檸檬的銷售量，也希望能夠對瀨戶內地區整體品牌形象的提升與活化、飲食教育的促進、CSR活動做出貢獻。可以說是超越了商業的框架，以貢獻社會為目標的企劃。可果美過去曾有過「地產全消」的行銷經驗，也就是將當地的物產銷售到全國的行銷活動，這樣的經驗也讓眾人對可果美的行銷方式與行銷網路有所期待。無論如何，地方自治體（即地方政府）與特定廠商簽訂如此大規模的官民合作協定是相當罕見的事。廣島縣更是第一次與特定廠商簽訂官民合作協定，所以主流媒體也大肆報導，引起了一陣話題。

【照片 12-1　野菜生活「瀨戶內檸檬」兩款（2012 年）】

出處：可果美公司

　　做為這個協定的象徵而推出的是期間限定商品「野菜生活100 瀨戶內檸檬 Mix」與「野菜生活100 Refresh 瀨戶內檸檬&白葡萄」等兩款。在公布了瀨戶內檸檬協定後，馬上在日本全國銷售這兩款產品。

◇「瀨戶內檸檬」的販售

　　在相關產品的銷售方面，可果美中國分公司業務部門有很強烈的動機。過去一連串的行動，都是以中國分公司業務部門的提案為起點。不管是面對簽下協定的廣島縣、JA與檸檬生產者，還是許可了商品開發企劃的可果美總公司，中國分公司業務部門的負責人都肩負著很大的責任。

　　大地震後的一段時間內，商品供給情況仍相當嚴峻，當時中國分公司的工作動機相當低落。中國分公司負責中國、四國共九個縣

第12章

的業務，但當時各個業務人員只顧著自己負責的區域與負責的公司，完全不會想要與其他公司合作，工作表現上也只想做到最低標準。不過在簽訂瀨戶內檸檬協定後，感受到這是起死回生機會的業務人員們，一改過去的委靡態度，積極投入工作。畢竟這不是被上頭要求販賣的上品，而是自己販賣自己製作的商品，所以有很大的責任感。中國分公司的業務人員就像煥然一新般，積極投入業務活動。

　　或許是感受到了可果美業務的熱情，瀨戶內檸檬開始販售時，出乎意料地獲得了各大通路的熱情協助。或許是販賣自行開發的產品時的責任感與熱情，感染了超市採購人員、賣場負責人，以及第一線的銷售人員。

　　當然，既然是商業往來，光靠熱情是沒辦法獲得那麼多協助的。之所以能獲得那麼多協助，「瀨戶內檸檬協定」的影響相當大。廣島縣與特定製造商簽下官民合作協定一事，是縣政史上的第一次，所以被主流媒體大肆報導，事前的宣傳效果相當大，所以商品銷售上也相當順利。另外，瀨戶內檸檬是做為「野菜生活」系列的一個商品開發出來的。「野菜生活」這個品牌本身就廣受好評，有助於瀨戶內檸檬的銷售。而且這個企劃不只是販賣產品，也能提高廣島縣與瀨戶內地區整體的品牌力，這種超越了企業框架的合作理念也不容忽視。這些要素與可果美業務負責人的熱情合而為一，在通路上獲得了過去難以想像的莫大助力。

　　首先，在商品發售前，就有許多超市的賣場負責人張貼手寫海報，預告即將發售瀨戶內檸檬產品。製作海報時下了不少工夫迎合地方消費者的喜好，譬如加上一些當地方言，拉近與消費者的距離。

　　商品發售前與通路商建構出來的合作機制，在開始銷售商品時又進一步強化。賣場負責人持續製作手寫海報，有些超市把瀨戶內檸檬產品堆滿了一整個貨架，有些店面還把商品包裝排成了瀨戶大橋的形狀在賣場展示，有些店面則是排成了當時剛開放的東京晴空塔的形狀展示，這些都是平時難得一見的商品展示方式。有些賣場還使用了交叉陳列（cross merchandising）方法，將瀨戶內檸檬與其他廠商製造的多種商品一起陳列在同一個區域，方便消費者能一次購買所有相關的產品，藉此提高商品的吸引力。不過，要實現這種方法，除了可果美自身的努力之外，也需要其他廠商的配合。在瀨戶內檸檬的例子中，因為有與廣島縣的協定做為後盾，要獲得其他廠商的協力並不困難。另外，縣廳前的便利商店中，光是瀨戶內檸檬就擺了100列（貨架上排成一縱列，僅有最前面的商品直接面對顧客時，稱作一列），可說是相當罕見的商品陳列方式。便利商店內，基本上會依照POS資料決定最適化的陳列方式。但因為瀨戶內檸檬有縣廳做為後盾，所以才擺了100列這種平常看不到的陳列方式。

第12章

　　瀨戶內檸檬是只在二〇一二年二月二十一日到五月底販賣的期間限定商品，不過在這段期間內，卻創造出了1,680萬瓶的銷售佳績。而且，瀨戶內檸檬在中國分公司負責區域內的銷售金額為日本全國的14%，共221萬瓶。以同屬於「野菜生活」系列，於二〇一一年開始發售的「Dekopon」為例，當年日本全國共售出1,300萬瓶的Dekopon，中國地方共售出103萬瓶，銷售金額佔全日本的8%。由此可以看出，中國地方的瀨戶內檸檬銷售金額佔總銷售金額的比例，明顯比其他地方還要高。這可以歸功於中國分公司負責區域的通路商配合，以及致力於聯繫各通路商的中國分公司業務負責人。

　　另外，以瀨戶內檸檬為契機，日本全國各地的人們對廣島檸檬的認知度一口氣大幅提升，廣島縣內使用檸檬開發的產品也急遽增加。這樣的風氣亦擴散到了日本全國。當可果美希望與地方自治體簽訂協定以開發新產品或宣傳縣內產品以活化地方時，就可以拿出這個例子來說明。瀨戶內檸檬不只是一項熱銷商品，更為廣島縣產的檸檬創造出了很大的市場。

3. 業務活動的設計

◇業務與販售

　　從瀨戶內檸檬的案例中，我們可以學到業務活動與許多活動有關。在這個案例中，商品的開發由業務部門發起。不過在銷售層面上，該如與零售業者合作、能獲得多少協助，才是這個案例的重點。為了獲得零售業者的合作，可果美與廣島縣簽訂瀨戶內檸檬協定，這對整個企畫的幫助相當大。當然，雖然這個協定名義上是由廣島縣和可果美總公司簽訂，然而實際居中協調的是可果美的業務部門。

　　綜上所述，業務活動其實包含了各式各樣的活動。當然，規模如此龐大的業務活動並不多，不過，這種時常與顧客接觸的業務負責人，將顧客的希望回饋給商品開發部門的案例，在可果美以外的企業中並不罕見。

　　而且在這個案例中，可果美也獲得了通路業者與廣島縣等相關團體的大力協助。廠商與行政單位合作，向消費者發送資訊的案例並不常見，但要是成功的話會很有效果。另外，多數廠商在將商品送到消費者手上的過程中，需透過批發業者與零售業者的仲介。所以對廠商的業務負責人來說，與通路業者或相關團體保持合作，可以說是相當重要的工作。業務活動中，賣出產品確實很重要，但如果把販售產品視為業務活動的全部，就會忽略業務活動的其他層面。

第 **12** 章

專欄12-1

宮地雅典 可果美公司執行董事大阪分公司負責人

宮地雅典先生是二〇一一到二〇一三年時的中國分公司負責人。「瀨戶內檸檬」之所以大獲成功，可以說是他的功勞。

然而新人時期時，宮地先生認為自己並沒有業務人員的才能。在宮地先生進入公司的一九八四年，可果美公司認為業務的訣竅在於KDH（取自直覺、膽量、果斷的日語）。不只是可果美，當時的業務工作講求的是交涉技巧。

不過，到了一九八〇年代後半，隨著電腦與POS系統的普及，廠商已可輕易獲得過去難以完全掌握的零售店銷售資料。仔細分析過這些資料之後，就可以聯想到該販買哪些產品，又該如何販賣。換句話說，自此之後就進入了提案型業務的時代。不習慣KDH世界的宮地先生，在進入提案型業務的世界後，終於能盡情發揮他的能力。他開始負責大區域的零售店面業務、總公司的行銷工作、賣場開發、業務教育、業務資訊系統開發，後來還以業務部門管理職的身份到第一線指揮。

宮地先生認為，在提案型業務中，人際網路十分重要。當然，提案內容也相當重要，但要實現提案，單靠自己一人無法做到。而且，所謂的人際網路不僅是「連結力」，「保持連結之力」也很重要。即使是不常來往的對象，也可能會在意想不到的時候成為新點子的來源，並成為值得信賴的合作對象。

另外，宮地先生從進入公司以來，就有比別人早兩個小時到公司的習慣。要在需要創造力的提案型業務中大顯身手，必須時常觀望市場，到銷售現場仔細觀察人們的動向才行。觀察的同時，還必須有時間靜下來思考、閱讀參考資料。在正常工作時間中沒有空做這些事。瀨戶內檸檬的成功，或許也和這種默默努力所累積下來的經驗有關。

◇業務與「連結力」

　　如果將販售產品視為業務活動的全部，就會看不清瀨戶內檸檬獲得巨大成功的真正原因。如同我們前面介紹的，瀨戶內檸檬從開發到販售的過程中，其實經歷了許多活動。而且更重要的是，這些活動通常都不是單一個業務部門就能完成的。不管業務部門想發起什麼樣的計畫，實際執行這些活動的人一定會包括到業務部門以外的人。要是不找到適當的人，說服他們與業務部門合作、一起行動的話，業務部門就沒辦法順利執行計畫。所以說，業務負責人在推動業務計畫的時候，必須與各式各樣的人建立「連結力」。這也是為什麼業務負責人長被稱做跨界溝通者（boundary spanner）。

　　既然如此，在設計業務活動時，連結方式的設計就顯得相當重要。「網路理論」就是在研究人脈之類的人際網路如何形成。這些理論指出，彼此異質之人物的連結，常建立在資訊探索的過程中。廣島縣的檸檬產量雖然是日本第一，卻是個長年來一直被埋沒的食材。可果美的業務負責人則透過網路，從各方面人士口中獲得這樣的資訊，才發現了新的機會。另一方面，彼此同質之人物的連結則可藉由人際網路強化，形成新的合作機制。可果美業務負責人的熱情與努力，讓一直以來的交易對象與可果美的團隊緊密結合在一起，大力協助可果美執行計畫。從網路理論看來，可果美業務負責人的行動是相當合理的作為。

第12章

專欄12-1

關鍵人物分析

　　建構或維持人際網路時，個人之間的信賴關係與相性十分重要。不過，在工作場合中建構人際網路時，不能只選擇與相性好的對象來往。相反的，就算是敵對關係的對象，有時候也必須想辦法拉攏。

　　這時就會用到關鍵人物分析。將與特定專案有關的人物列成表，一一確認他們對專案的影響力與態度（友善或敵對）。尋找我方人員與各相關人物的接觸點，並以適當方式與之交流，妥善維持與態度友善之對象的關係，盡可能讓態度敵對之對象轉為態度友善（至少也要轉成態度中立）。關鍵人物分析就是在模擬這些情況。

　　本章所介紹的可果美公司並沒有用到這種方法，不過這種方法在一般的業務活動、企劃推展的過程中很常使用。

【表 12-1　關鍵人物分析】

姓名	重要性	態度	工作上關心 的事物	個人關心 的事物	連結	策略
	大 中 小	友善 中立 敵對				
	大 中 小	友善 中立 敵對				
	大 中 小	友善 中立 敵對				

4. 結語

我們在本章中提到了多種業務活動。可能會有許多讀者認為，業務就是指銷售活動。確實，銷售是業務活動中很重要的一部份。但讀者應該也能理解，銷售產品時，其實需要各式各樣的活動輔助。

本章也有提到，業務活動的哪些部份比較重要。說到業務活動，或許會有某些讀者想到巧妙的業務話術、與顧客建立互信關係等等。不過在瀨戶內檸檬的例子中，可果美在三個月內在全國銷售了1,680萬瓶產品，光是中國分公司就銷售了221萬瓶。如此大的銷售規模，真的是因為他們有巧妙的業務話術嗎？

這種大規模的業務活動中，最重要的應該是「連結力」。業務活動包含了各式各樣的活動，其中大部份都不是單靠業務部門就可以完成的活動。業務人員必須找出各種實際能夠執行這些活動的人或組織，並說服他們協助公司執行這些活動。所以歸根究底，業務還是要靠「連結」，才能將大批商品送到消費者手上。

最後我們想說的是，要做到「連結」這件事並沒有那麼簡單。事實上，如果不是因為東日本大地震造成可果美沒有東西可以賣，或許就不會有瀨戶內檸檬的成功。所以說「連結」的建立確實也有著運氣成分。雖說如此，我們也不能把一切交給上天決定，什麼也不做。譬如可果美的業務負責人就是為了掌握運氣而不斷努力，才能在偶然看到廣島縣產的檸檬時，抓住這個機會，開發出暢銷產品。這樣的結果說明，要打造暢銷產品，人際網路的建構是個很重要的因素。雖然成功可能是偶然，但若不是因為過去的努力，就沒

第12章

辦法創造偶然出現的機會，沒辦法緊抓住偶然出現的機會。瀨戶內檸檬的成功，以及使其成功的人際網路，就是他們努力的結晶。

❓ 問題思考

1. 可果美開發、販售「瀨戶內檸檬」時，需要與公司內外的許多人建立連結。試在閱讀過正文後，整理可果美與哪些人或哪些組織建立了連結。

2. 試思考可果美從各個連結中分別獲得了什麼？這些連結又是如何讓「瀨戶內檸檬」邁向成功？

3. 假如自家所在地區要宣傳、販賣在地特產，你認為需要什麼樣的業務活動。

進階閱讀

石井淳蔵『営業が変わる』岩波アクティブ新書、2004年

田村正紀『起動営業力』日本経済新聞社、1999年

嶋口充輝・石井淳蔵 編著『営業の本質』、1995年

參考文獻

Nan Lin著，林祐聖、葉欣怡譯《社會資本》弘智，2005年

第**12**章

第III篇

競爭與共生的設計

第 13 章

行銷的策略展開
花王 Healthya 綠茶

1. 前言

　　當被問到為什麼要喝茶？在哪裡喝茶？怎麼喝茶？的時候，過去的日本人大多會回答「口渴、想放鬆，或者是要招待訪客時，會在自家用茶壺泡茶」。不過在一九八〇年，伊藤園開發、販售世界上第一個「罐裝烏龍茶」後，回答「在自家」、「用茶壺泡茶」的人就越來越少了。即使如此，對許多消費者來說，喝茶確實是解渴或讓放鬆身心的一種方法。

　　不過，除了因為要解渴或放鬆而喝茶之外，許多消費者還會試著尋求好喝的茶、順口的茶，或者是便宜的茶。最近，甚至還有些消費者是為了減少體脂肪、降低血壓或血糖等各種不同目的而喝茶。這麼一來，原本作為評定標準的味道、口感、量、價格等，就不再是絕對的標準。

　　二〇〇三年時，花王公司推出了一種大幅改變人們對茶的效用／價值之印象的茶品，叫做「Healthya綠茶」。Healthya綠茶以茶中的兒茶素能夠降低體脂肪為賣點，打出不需運動、不需限制飲食，只要喝茶就能減少體脂肪的名號宣傳發售。比起味道與口感，這款綠茶更重視的是兒茶素濃度，一瓶的容量從最常見500 mL降到350 mL，價格卻設定為180日圓，比一般寶特瓶綠茶高了五成。由此看來，Healthya綠茶可以說是改變了茶飲選擇基準的產品。

　　本章將說明Healthya綠茶這個案例。希望已從前面各章學習到行銷基本概念的各位讀者，能夠藉由這個案例學習到如何為各種行銷活動策略定出方向。

2. 何謂策略

　　戰爭中的策略，指的是戰前的準備、計畫，以及實際操作。運動比賽中的策略，指的是比賽前選手的狀態管理與掌握、最佳成員的選擇，以及比賽中指示選手包括上下場在內的行動。如果是戶外運動的話，天氣、地面狀態都會影響到勝敗。而且，正如孫子說的「知己知彼，百戰不殆」，瞭解競爭對手以及兩者所處的環境，以勝利為目標訂定計畫，依照情況改變作法，就是所謂的策略。因此，公司經營策略由四大部份組成，包括目標設定、自家公司資源的運用，環境分析、計畫擬定。在介紹行銷與策略之關係的本章中，將依序探討這四個部份的內容。

【照片 13-1】

出處：花王公司

◇目標設定

說到運動比賽的策略，通常都是以贏得比賽勝利為目標。不過行銷策略可以設定的目標就十分多樣化。以本書第四章所提到的價格設定為例，可以分成銷售額最大化、獲利最大化，以及知名度最大化等價格設定方法。

花王於二〇〇三年推出Healthya綠茶的時候，並不是於超市或藥妝店上架，只在日本首都圈的便利商店限定販售。就新商品來說，如果想要提高知名度，或者是一口氣提高銷售額的話，會盡可能一口氣在許多通路上架。但如果一開始就在超市上架，店家可能會打折促銷，進而減損品牌價值。因此有些產品會像Healthya綠茶這樣，只在飲料的主要通路，且基本上會以定價販售的便利商店內限定販售，以維持品牌價值。由這個例子可以看出，隨著目標設定的不同，行銷方式也可能會有180度的轉變。

◇自家公司資源的活用

Healthya綠茶是花王的第一個飲料產品。那麼，為什麼花王要推出飲料產品呢？這和花王過去長年研究開發健康食品，特別是可降低體脂肪之產品有關。在推出Healthya綠茶的四年前，花王開發出「健康料理食用椰子油」後，獲得了日本消費者廳特定保健用食品銷售許可。這段期間累積的技術，讓花王得以進入健康食品這個完全不同的領域，進而投入Healthya綠茶的開發工作。

如同我們在這個例子中看到的一樣，公司的策略除了與其他公司的競爭之外，也可以設法活用自家公司的能力與資源，稱做資源

導向策略。一般企業的資源包括人力、物體、金錢、資訊等，在競爭中活用這些資源，或者改變競爭方法以彌補自家公司的缺點等等，都是讓自家公司在競爭中處於優勢的重要方法。如果自家公司擁有其他公司難以獲得的資源的話，就更該活用這些資源了。因此長期看來，持續累積其他公司無法獲得之資源，是保持自家公司之競爭優勢的重要策略。

◇環境分析

從前面的說明中可以瞭解到，為了販賣Healthya綠茶，花王需要便利商店通路，而長年累積下來的技術也是不可或缺的要素。不過，有了這些就能保證花王能發售新商品，並能引起熱潮嗎？可惜的是，答案是否定的。

花王的Healthya綠茶之所以能成功，和許多中高年男性的健康意識、降低體脂肪的意識有著密切關聯。在日本健康增進法等法律的規定下，產品需標有「特定保健用食品」，才能讓消費者認同這款兒茶素綠茶有降低體脂肪的效果。

另外，如果日本沒有喝寶特瓶裝綠茶的習慣的話，Healthya綠茶大概也沒辦法熱銷吧。伊藤園的網頁提到，該公司於一九九〇年時，發售了世界第一瓶寶特瓶裝綠茶飲料。要是伊藤園沒有推出「Oio茶」，沒有讓寶特瓶綠茶根植於日本的茶飲文化中的話，Healthya綠茶能否成功仍是未知數。

綜上所述，隨著自身所處環境的不同，企業也必須改變行銷方式。企業應考慮的代表性環境變數如圖13-1所示。

第13章

【圖 13-1　代表性的環境變數】

■總體環境
人口、經濟、自然環境、技術、法律、文化 等
■消費者行動
誰、在什麼時候、用什麼方法、為什麼要、做什麼事 等
■交易對象
供應商、通路商、合作企業 等
■競爭環境
與誰競爭、如何競爭 等
■市場狀況

出處：作者製作

　　企業需判斷不同環境的競爭下，這些變數會成為機會還是威脅，進而擬定出更有效的策略。

◇計劃擬定

　　選定目標，瞭解自家公司所擁有的資源，以及所處的環境之後，接著就要擬定具體的計劃。企業需以這個具體的計畫為基礎，透過完成目標的過程，實現企業的最終經營理念。所謂的經營理念，指的是企業希望成為的樣子。而花王的經營理念，則是「實現豐富生活文化」的使命。企業需在經營理念之下設定策略目標，譬如五年後營業額成長到ＸＸ億日圓之類的數值，或者成為同業領導廠商之類的目標。

　　當然，要實現這些目標並不是只有一種方法。舉例來說，若希望五年後的營業額成長到ＸＸ億日圓，可以頻繁投入新商品、增加廣告頻率，也可以在通路階段舉辦各種活動。擬定計畫的時候，請

準備多個替代方案，考慮自家公司的資源與經營環境的變化，選擇最適當的方法。不要堅持一開始想到的計畫，而是要從各種替代方案中選擇最適當的方法，然後果斷地捨棄其他方法，這才是所謂的策略。

◇訂定策略時的兩個面向

在不斷變化的狀況下，努力維持自家公司成長的策略稱做「成長策略」。另一方面，通常會展開行銷活動的企業不是只有自家公司，還有許多競爭對手。因此在擬定策略時，也須考慮到如何應付競爭對手，這種策略稱做「競爭策略」。

如各位所知，花王本身並不是飲料製造商，所以在考慮自家公司的成長策略時，不大可能把茶類飲料的開發、銷售列為優先選擇。事實上，在推出Healthya綠茶的不久前，花王曾推出居家掃除用具產品「紙拖把」，可見當時花王並沒有積極想加入茶類飲料的競爭。

而且，茶飲市場中已有伊藤園、三得利等強勁的競爭對手，要進入這樣的市場自然會有所斟酌。要是花王用一般的方式與這些企業在茶飲的價格、味道、容量、通路上競爭，花王或許就不會獲得現在的成功。花王要做的不是單純的茶飲，而是想要開發出過去不曾在市場出現過的瘦身系飲料。因為花王在新的競爭主軸中站穩了腳步，才能確立他現在的地位。這不能單純視為成長策略或競爭策略，而是需同時與兩者相關的策略。

第13章

專欄13-1

佐川幸三郎與商品開發五原則

花王的前董事長佐川幸三郎將行銷視為企業最重要的功能，可以說是最早提出行銷重要性的人物之一。佐川先生在一九七〇年代初期便開始宣導行銷的重要，並提出了「商品開發五原則」，至今仍是花王奉為圭臬的規則。

花王在開發新商品時，要是這五原則中有任何一條原則未能達成，就不會進入開發階段。

1. 社會有用性原則：

   今後對社會有用處嗎？

2. 創造性原則：

   可以讓本公司增添創造性技術、技能，或者是新的想法嗎？

3. 性價比原則：

   由本公司生產的話，性價比能比其他所有公司還要好嗎？

4. 徹底調查原則：

   在多種情況下的消費者測試中，都能接受這個產品嗎？

5. 通路適合原則：

   在各通路中能有效將商品資訊傳達給消費者嗎？

遵守這五項原則，就能避免開發出只為了追求營業額與獲利的產品、單純模仿其他公司的產品、無法獲得競爭優勢的產品、無視消費者的需求與價值觀的產品。

花王不只在開發新產品時會確認新產品是否符合這五項原則，新產品上市後也會持續改良，「不斷革新」，使新產品能夠一直符合這五項原則。在這層意義上，這五項原則已不是單純的確認項目，更是花王內部嚴守的哲學。

參考：佐川幸三郎（1992）《新行銷的現實》President 社。

專欄13-2

SWOT分析

　　如同我們在正文中看到的，企業擬定策略時，需考慮自家企業以及所處環境的狀況，並決定這是成長策略或競爭策略。這時候，SWOT分析法是最常使用的分析框架。

　　SWOT 由 S（Strengths：優勢）、W（Weaknesses：弱勢）、O（Opportunities：機會）、T（Threats：威脅）組成。「優勢」指的是自家公司所擁有的技術、品牌力、與銷售通路的關係等，有助於達成目標的內部因素。另一方面，「弱勢」指的是會妨礙到達成目標的內部因素。「機會」指的是市場、競爭的變化中，有助於企業達成目標的外部因素。「威脅」則是妨礙企業達成目標的外部因素。

　　當然，這四個要素在策略的實行過程中會隨時改變，所以並非絕對。舉例來說，就算一開始知道品牌力低落是自家企業的弱點，在努力行銷後，可能會轉變成品牌力高的企業。由此看來，SWOT 分析用在會隨時改變的行銷活動上時有其極限。

　　另外，SWOT 分析會因為受分析單位的不同而得到不同結果。舉例來說，將 Healthya 綠茶放入 SWOT 框架中分析時，中老年人的增加會成為「機會」；但如果將花王其他以年輕人為目標顧客的美體產品放入 SWOT 框架中，中老年人的增加則會成為「威脅」。所以說，以品牌為單位進行分析，和以全公司為單位進行分析時，可能會得到完全不同的分析結果。

　　不過，在知道 SWOT 的限制與問題的情況下，擬定策略之前還是可以透過 SWOT 分析，瞭解自家公司的弱勢、發揮自家公司的優勢，依照環境的情況擬定出適當策略。

第13章

　　當然，要依照自家公司的成長與競爭情況擬定適當策略，並不是件容易的事。而且環境時常在改變。不過，如果因為環境會一直改變而擬定出曖昧不清的戰略，或者乾脆不擬定什麼戰略，這樣也不是什麼好事。因為企業的經營並不是一次性的活動，而是持續進行的活動。若能擬定完善的策略，面對環境變化時的應對能力也會隨之提升。即使環境的變化與當初預料的不同，只要策略足夠完善，就能有效率地思考為什麼環境會出現這樣的變化，並做出有效的應對。

3. 行銷策略的進化

　　本書第2章在介紹行銷基本概念時提到了行銷的四個因素4P（產品、價格、通路、推廣）。在學過策略的基本概念之後，各位讀者應該也能瞭解到這四項策略的重要性了吧。事實上，二十世紀初時，行銷的觀念剛在美國萌芽，許多企業以4P為中心展開行銷活動，稱作「行銷功能因素策略」。在掌握了行銷功能因素策略後，企業開始針對4P的各個要素分別執行策略，以獲得更有效率、更有效果的行銷成果。

　　確實，行銷功能因素策略中，這四個因素各有各的策略，但如果四種策略各自獨立進行，每種策略的負責人都只關心自己負責領域的話，整體而言會沒有統一性。

　　請回想Healthya綠茶的例子。Healthya綠茶有著高濃度的兒茶素，被認可為特定保健用食品，在開發階段時就試著將其打造成很有魅力的產品，並一舉成功。不過，要是花王在推廣策略中違背開發者的意願，不去說明Healthya綠茶的效果與效能，不透過便利商店的限定販售來保護品牌價值，而是大幅降價促銷以提高銷售額的話，這個產品就沒辦法像現在那麼成功。

　　人們在一九五〇年代後半到一九六〇年代間，就已經瞭解到在行銷活動中，不能只關注個別因素的策略，整體的統一感也相當重要。所以能夠管理、統合行銷功能的行銷管理策略也應運而生。

第13章

◇行銷管理策略

傳統的行銷活動中,各個因素的行銷活動分別由個別部門負責。而「行銷管理策略」指的則是整合各個行銷因素,就某一特定商品或品牌,針對特定顧客打造出一套具統一感的行銷策略。這裡的統一感有兩個意義。第一個意義是4P中各種因素的政策彼此整合的能力,也稱做內在的一致性。Healthya綠茶在開發時以含有高濃度兒茶素為賣點,在被認可為特定保健用食品後,於推廣活動中積極宣傳其效果,且不會大幅折價促銷,這個過程中就表現出了4P中各因素的整合與一致性。

另一方面,這4P整合後的成果,與企業所面對的行銷環境之間的整合性也相當重要,稱做外在的一致性。像是在成年男性開始產生健康意識與減肥意識的年代,推出Healthya綠茶這種能滿足他們需要的商品;或是在便利商店遍布各地的年代,在各便利商店以定價販售Healthya綠茶等,這種將行銷的外在因素與4P整合在一起的能力,就是外在的一致性。

在行銷管理策略中,我們會以第2章的專欄2-2所介紹的STP為基礎,決定目標市場,並以這個目標市場展開具有內在/外在一致性的4P行銷活動。

那麼,在面對顧客時,如何統一4P的行銷方式呢?一種方法是Push型行銷策略(Push策略),另一種方法則是Pull型行銷策略(Pull策略)。在產品從「製造商」經過「通路商」來到「消費者」手上的過程中,如果製造商以提供回扣、協助販售等方法促銷,將大筆貨物賣給通路商,且通路商也用各種促銷方式吸引消費者購買產品,這樣的行銷策略就稱做Push策略;相對的,如果製造

【圖 13-2】

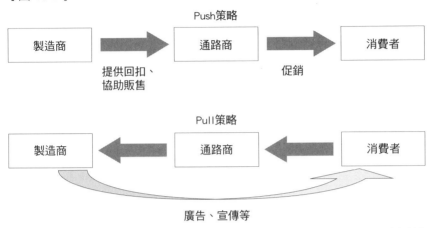

出處：作者製作

商在主流媒體上對消費者大打廣告，使許多消費者向通路商指定要
購買某項產品，這樣的行銷策略就稱做Pull策略。

　　請各位回想一下在便利商店購買寶特瓶茶飲的情況。便利商店
的店員會推薦你購買哪款茶飲嗎？應該不會有哪個消費者碰過這種
情況吧。多數消費者是因為在電視廣告上看到某款茶飲，才從架上
取下這款茶飲拿去結帳。這就是Pull策略。

　　那麼，消費者在購買產品的時候，完全依照自己的判斷去選
擇、購買產品的嗎？倒也不是如此。舉例來說，購買高價電腦的時
候，消費者通常會詢問店員該電腦有哪些功能，並在店員的推薦
下購買適合自己使用的電腦。在這樣的銷售模式中，製造商需提供
產品資訊給通路商，以協助通路商販賣自家產品給消費者。這就是
Push策略。圖13-2整理了Push策略與Pull策略的特徵。

第13章

◇策略性行銷

　　過去的「行銷功能因素策略」僅要求4P中各因素的行銷活動能各自有效進行，現在的「行銷管理策略」除了要求各因素的行銷活動能有效進行外，更要求能夠進一步整合，針對目標顧客行銷產品或品牌。不過，行銷管理策略並沒有辦法解決行銷過程中所有策略性問題，至少還有兩個問題仍未解決。第一個問題是，即使廠商能整合單一產品／品牌的行銷活動，要同時整合多個品牌的行銷策略卻沒那麼容易。

　　舉例來說，花王的產品不是只有Healthya綠茶。花王自家公司生產的產品可分為美體（Sofina、Biore、ASIENCE、8×4等）、健康用品（Healthya、Clearclean、Bub、Laurier、Merries等）、衣物＆居家清潔用品（Attack、Humming、Bath magiclean、Resesh、Flair fragrance）等三大類，各有多種品牌。在行銷管理策略中，即使Healthya綠茶這個品牌的行銷策略相當成功，仍不代表Healthya綠茶與其他品牌的行銷策略也能成功整合。

　　第二個問題是，行銷管理策略管理的是以4P為基礎的各種行銷活動，與財務、生產、人事、研發等部門關係不大。雖說整合了4P的行銷活動，提升了行銷的效率，卻沒有整合到其他部門的事務，沒有提升跨部門活動的效率。

　　這兩個是亟待克服的問題。特別是對於擁有多種商品／品牌的企業來說，不應只專注在單一產品的行銷管理策略上，而是要適應整體市場環境，以整個公司的角度規劃策略方向與經營資源的分配，進行所謂的「策略性行銷」。在策略性行銷中，每個商品或品牌會被視為一個事業單位〔稱做策略性事業單位：strategic business unit（SBU）〕，並以整體的最佳化為策略目標。那麼，如何決定SBU呢？企業可從「為誰提供」（顧客）、「提供什麼」（功能）、「如何提供」（技術）等三個面向劃分出SBU，或者從「市場或顧客」，「技術或產品」等兩個面向劃分出SBU。

　　即使ASIENCE的洗髮精和Attack的清潔劑與Healthya綠茶同屬於花王的產品，擬定行銷策略時仍需視為不同的事業單位。而擬定這些事業單位的行銷計畫時，事前訂定的目標、擁有的資源、適合的環境也各不相同。若以策略性行銷的方式進行行銷活動，會將多種事業單位的行銷計畫彼此整合，譬如避免投資過多資源在提升Healthya綠茶的獲利上，並將Healthya綠茶的獲利投資到其他品牌的廣告費上等等。與行銷管理策略時類似，策略性行銷追求的是面對目標顧客時，多種SBU彼此整合下的內在一致性，以及面對當下市場環境時應具備的外在一致性。

第13章

4. 結語

　　企業進行策略性行銷活動時，即使訂出明確的目標，仍很常發生銷售額不如預期的情況，很常覺得難以掌握自家公司資源對顧客的吸引力，競爭環境也可能出現意料之外的變化。要在事前完全預測到競爭對手的行動更是不可能的事。這是否代表策略性行銷活動沒有意義呢？當然不是。

　　與其說策略性行銷的計畫是為了應對不確定性高的狀況，不如說是為了統一企業內多數員工的行動。企業的策略仍需保有一定的彈性，以應對環境變化。事前想好多種可能性，才是擬定策略的目的。

　　擬訂行銷策略時，需在瞭解目標、資源、環境後，考慮到行銷個別要素的內在、外在一致性，並整合多個SBU的行銷策略，以達到行銷的統一感。其中，Push策略與Pull策略可以說是行銷策略的定石，也是發想行銷策略的第一步。

❓問題思考

1. 試舉出一個在行銷4P中有塑造出統一感的商品，並思考該企業如何塑造出這樣的統一感。

2. 試舉出有販賣多種商品的企業，並確認該企業在行銷不同商品時，是否會採用不同的4P策略。

3. 試比較彼此有競爭關係的企業，思考他們的商品在4P上的差異是否源自於這些企業在目標與資源上的差異。

進階閱讀

嶋口充輝・内田和成・黒岩健一郎　編著『1からの戦略論』碩学舎、2009年

沼上幹『わかりやすいマーケティング戦略』有斐閣、2000年

參考文獻

石井淳蔵・栗木契・嶋口充輝・余田拓郎『ゼミナールマーケティング入門［第2版］』日本経済新聞社、2013年

伊丹敬之『新・経営戦略の論理』日本経済新聞社、1984年

嶋口充輝『戦略的マーケティングの論理』誠文堂新光社、1984年

嶋口充輝・石井淳蔵『現代マーケティング［新版］』有斐閣、1995年

第13章

第 14 章

社會共生
TOYOTA Prius

第1章
第2章
第3章
第4章
第5章
第6章
第7章
第8章
第9章
第10章
第11章
第12章
第13章
第14章
第15章

1. 前言

「社會共生」這個詞乍聽之下可能難以理解是商業上的話題，還是貢獻社會的話題。讓我們來看看一個例子吧。

日本職業足球J聯盟的各球隊皆由各大企業、團體出資營運，不過福岡黃蜂隊曾面臨資金不足的經營危機。這時候，地方企業的Fukuya公司曾跳出來喊道「福岡街上的燈火不能熄滅」，並舉辦活動，將辛子明太子禮盒的銷售額全部捐贈給福岡黃蜂，拯救了福岡黃蜂。令人訝異的是，購買明太子的人不是只有在地人，也包括了全國各地的J聯盟粉絲。

這時的J聯盟粉絲並不是因為想要吃明太子而購買。而是對援助福岡黃蜂一事產生共鳴，進而想要與Fukuya一起幫助福岡黃蜂隊與J聯盟，所以才購買明太子。在這個例子中，Fukuya及J聯盟的粉絲之間，已不只是企業與顧客之間那種「賣家與買家」的關係，而是企業與顧客想一起實現某個目標的關係。

當企業與顧客之間的關係超越了賣家與買家，而是共同朝著某個目標前進的關係，就稱做社會共生。當企業想要做為社會的一員參與社會問題的處理時，社會共生可以說是不可或缺的關係。而行銷活動則肩負著建立這種關係的角色。那麼，該如何建立起這種關係呢？讓們透過TOYOTA汽車公司（以下稱TOYOTA）的Prius案例來學習這點。

2. 創造出新常識的Prius

◇二十一世紀社會的汽車

回顧汽車的歷史，一八八六年，德國的卡爾・賓士（Karl Benz）發明了燃油車；一九〇七年，美國的福特公司建立了汽車的大量生產機制。自此之後，汽車變逐漸普及了開來。而在汽車誕生後約一百年的一九九七年，日本的TOYOTA發表了世界第一台混合使用汽油引擎與電動馬達做為動力的混合動力汽車「Prius」。

Prius的發售成為了汽車百年歷史的一個大轉折，對汽車市場造成了很大的衝擊，似乎正意味著未來會是混合動力車的時代。當時競爭對手的技術人員都抱持著「真的做得出來嗎？」之類的半信半疑態度看待此事，畢竟從汽車業界的常識看來，這可以說是打破常識的大膽挑戰。在Prius誕生後約二十年的現在，混合動力車已不是什麼特別的東西。那麼，Prius究竟是如何誕生，又如何普及開來的呢（參考表14-1）？

催生出Prius的是日本第一個以汽車製造為目標的企業，TOYOTA。TOYOTA於一九九三年秋天提出「想像二十一世紀的汽車」的計畫，隔年便由產品開發負責人，首席工程師內山田竹志（現為董事長）率領團隊開始討論具體做法（參考專欄14-1）。

團隊一開始的開發工作並不順利。雖然團隊花了很多時間討論該採用哪種零件、哪種技術，卻一直沒有進展。這時候，內山田先生說「先別管技術之類硬體層面的事項了，想想看社會層面的事吧！」，促使團隊改變思考的方向。於是團隊成員開始用許多關鍵字，搜尋全世界各種描述二十一世紀社會的報告，再由這些報告篩

【表 14-1　混合動力車的簡史】

年	月	主要事件
1997	3	發表混合動力系統「THS」
	10	發表 Prius
2002	8	Prius 全球累計銷售量突破 10 萬台
2003	4	發表混合動力系統「THS II」
	9	Prius 改款（第二代）
2007	5	混合動力車全球累計銷售量突破 100 萬台
2008	4	Prius 全球累計銷售量突破 100 萬台
2009	5	Prius 改款（第三代）
2013	6	Prius 全球累計銷售量突破 300 萬台
2015	8	混合動力車全球累計銷售量突破 800 萬台
	12	Prius 改款（第四代）

出處：作者整理TOYOTA網站新聞（http://newsroom.toyota.co.jp/en/detail/9152370）製表。

選出少子化、高齡化、女性進入社會等社會議題，最後把焦點放在環境與地球資源的問題上。

　　人們預測地球資源很快就會用盡，但到底還有多久才會用盡，未來又會是什麼樣的情快，事實上沒有人知道，也難以想像。當時的汽車業界覺得那還是很久以後的事。不過，團隊仍深入討論環境與地球資源的問題。內山田先生則抱持著相當強烈的危機感，認為「石油資源可能會在二十一世紀枯竭。在人們確定石油還能用多久的時候，就會朝著不使用石油的方向前進。到了那時，無法做出相應措施的企業將無法生存」。

　　經過多次詳細調查與討論後，團隊決定了以下概念，那就是在「維持目前汽車的便利性、舒適性」的前提上「開發出能解決二十一世紀所產生之問題的汽車產品」，以及「待解決問題包括能源、環境保護等」。

　　為了開發出能夠解決能源、環境問題的汽車，團隊必須先具體檢討零件、系統的規格，以提高油耗（單位汽油能行駛的距離），最後計算出油耗可增加至原本燃油車的1.5倍。不過在向公司內部報告後，有人提出「若要把石油枯竭當做號召消費者購買新車的理由，那麼油耗提升為1.5倍仍不夠，至少要2倍以上才能吸引消費者的注意」這樣的意見。團隊開始思考「若以油耗增為2倍為目標，以目前的技術前景而言無法做到，必須開發全新的技術才行，如果是動力混合系統的話會如何呢？」於是決定挑戰開發動力混合系統。據內山田先生所述，從當時起，團隊就開始進行「過去不曾經歷過的大型開發計畫」。

　　經過一番努力後，團隊終於開發出了混合動力系統的原型。而這款混合動力車被命名為Prius，在拉丁語中意為「最前端的」。

第14章

專欄14-1

向內山田竹志學習社會共生

內山田竹志先生（目前的 TOYOTA 董事長）是二十一世紀的汽車開發計畫負責人。不過在這之前，內山田先生從沒有過汽車的企劃、開發經驗。據說當他詢問上司「為什麼選我當負責人」的時候，上司回答「因為你不知道以前的產品開發方法，所以你最適合當負責人」。

上司認為內山田先生不會被過去的常識圍限，所以期待他能開發出新型汽車，而內山田先生也回應了這樣的期待。內山田先生廣闊的視野，讓他跨越了「開發汽車」的概念，而是透過開發汽車，實現「二十一世紀社會」應有的樣子。他試著思考「二十一世紀的社會是什麼樣的社會」、「什麼樣的車能貢獻這個社會」，甚至是「要什麼樣的車才能在二十一世紀生存下來」，並將開發時的討論內容往這個方向引導。

這個出發點會影響到開發階段中各式各樣的判斷。在《The TOYOTA way（上）》及《革新的 TOYOTA 汽車》中曾提到，在開發的各個階段中，我們一直隨時提醒自己，靠著過去車種的開發經驗，或者是過去的常識，是沒辦法開發出全新的產品的。

另外，內山田先生把眼光放得很遠。在一次董事長訪談中，他曾這麼說。「汽車廠商有責任回答二十一世紀的資源與環境問題，這就是我的出發點。那時候的人們固然會追求高油耗，不過更重要的是，隨著人口問題與新興市場的發展，社會中的人們會如何使用能源？汽車在這樣的社會中又會扮演著什麼樣的角色？這才是新的問題。」（《TOYOTA 環境社會報告書 2013》第 5 頁）。

汽車的歷史已超過一百年，在人們心目中已有一定的形象。不過內山田先生把眼光看向更廣闊的社會，放眼下一個一百年，除了眼前的問題外，也看到了未來可能碰上的問題，以及有些跳躍的主題。從內山田先生的身上，我們可以學到如何從社會共生的角度看待企業的發展。

◇Prius的市場導入

　　TOYOTA還有一個很大的課題，那就是將Prius導入市場。一九九〇年代以前，汽車全都是燃油車，沒有人知道什麼是混合動力車，就算產品有優秀的新技術、優秀的功能，大部分的消費者也無法理解。

　　不僅如此，當時的社會大眾也不像現在那麼關心社會環境問題。雖然有國家及行政單位主導訂定環境保護法，環境保護的相關討論也與日俱增，不過做出具體行動的人並不像現在那麼多，環保當時並不是人們日常生活會關心的事。競爭廠商也認為環保車的市場並不大。若要在這樣的環境下導入環保車至市場，勢必得先提高人們對環境問題的關心。

　　於是TOYOTA推出了宣傳活動「TOYOTA環保計畫」，將TOYOTA定位為關心環境的公司。提出「為了明天，現在就行動」的口號，以及減少CO_2排放、注重資源回收等環保議題，介紹TOYOTA為了明天的環境做了什麼樣的努力。

　　這個宣傳活動從一九九七年一月開始，為時一年，並在活動中介紹動力混合車。透過「自動切換電動與燃油系統的混合動力車，終於降臨地球」、「汽油消耗量降至1/2」等訊息，說明「在動力混合車的系統下，油耗可以增為燃油車的兩倍」，向社會傳達「動力混合車才是二十一世紀的汽車」。當年十二月，Prius正式發售時，以「我們終於趕上二十一世紀」為宣傳詞，並強調這是二十一世紀社會所面臨之問題的一個答案。

第**14**章

　　另外，為了與社會對話，TOYOTA舉辦了「TOYOTA環境論壇」，討論如何兼顧環境保護與經濟成長，並向社會公開發表TOYOTA的環境保護技術。在Prius發表以後，幾乎每年都會舉辦這樣的論壇。

　　透過一連串的宣傳與論壇等交流活動，TOYOTA逐漸提高了社會大眾對環境問題的關心程度。在正式發售之前，Prius獲得了超乎預料的關注，而在正式發售的一個月內，銷售量達3,500部，超過了目標的三倍。發售後六年內的累積銷售量更是超過12萬部（參考圖14-1）。

【圖 14-1　物流網路的型態與成本】

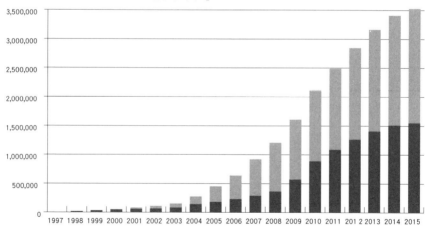

出處：作者依照TOYOTA網站資料製作

◇混合動力車的普及

　　透過Prius的市場導入，TOYOTA提升了社會對環境問題的關注，讓社會大眾瞭解到什麼是混合動力車。網路上甚至還有Prius的粉絲架設「Eco run」網站，讓Prius車主們比賽誰的油耗比較高。車主們還會彼此交換「如何加一次油就跑1,000 km」之類的資訊，享受只有開Prius才能帶來的樂趣。

　　不過另一方面，市場上選擇Prius的消費者並非多數，所以如何提高銷售量便成了下一個課題。雖然許多人開始關心環保車與環境問題，但也有不少人覺得「雖然我擔心環境問題，但我也不想捨棄傳統燃油車才擁有的魅力」。

　　TOYOTA認為「就算我們再怎麼強調這款車對環境有多好，要是這款車沒辦法在市場上普及的話，社會大眾就沒辦法感受到效果。所以讓環境友善的汽車普及，才是真正保護到環境」，於是TOYOTA也提升了他們在環境保護上的努力。首先，除了Prius之外，TOYOTA也在其他既有車種裝上混合動力系統，並對Prius進行改款更新。

　　Prius改款時，參考了首代Prius車主的意見。舉例來說，在「希望能提高油耗，開起來會更舒服」的意見下，Prius提升了車輛性能，實現了當時世界最高等級的油耗35.5 km/L。而在「希望更有未來感」的意見下，新款Prius讓駕駛者能一鍵切換成完全由馬達提供動力的EV模式，並新增智慧停車輔助功能，以及一鍵啟動引擎的push button start功能。

　　第二代Prius於二〇〇三年發售，除了比首代Prius更環保，油耗更高之外，也展現出了「奔馳的樂趣」、「未來感」等汽車本身的

第**14**章

魅力。TOYOTA透過「未來正要開始轉動」的宣傳詞，以奔馳的樂趣與未來感為重點，傳達出了Prius的價值（參考表14-2）。

　　第二代Prius獲得了許多顧客的青睞，銷售量大幅增加。另外，因為許多消費者購買了非Prius的混合動力車，使得二〇〇七年的全球混合動力車銷售量超過了100萬部。

　　在這之後，TOYOTA以進一步推廣混合動力車為目標，推出了第三代、第四代的Prius。第三代Prius實現了過去在燃油車上看不到，只有在動力混合車上看得到的低油耗（單位距離消耗的汽油較低），提升了奔馳的爽快感、未來感、興奮感。比起單純的環保車，Prius更像是帶領喜歡汽車的消費者們進入新世代的產品。在這之後，動力混合車的銷售量逐漸攀升，在二〇一五年八月時，全球銷售量已超過800萬部（參考圖14-2）。

【表 14-2　Prius 的廣告、宣傳】

1997.01	開始宣傳「TOYOTA ECO-PROJECT」
1997.10	「Prius」首代發售，「我們終於趕上二十一世紀」
2003.08	宣傳混合動力系統（Hybrid Synergy Drive）
2003.09	「Prius」改款，「未來正要開始轉動」
2009.05	「Prius」改款，「超級混合動力車誕生」
2011.03	「Prius α」發售，「先思考？還是先感覺？」

出處：作者整理《TOYOTA汽車的75年歷史》—「廣告、宣傳的變遷」後製成

【圖 14-2　動力混合車的銷售量】

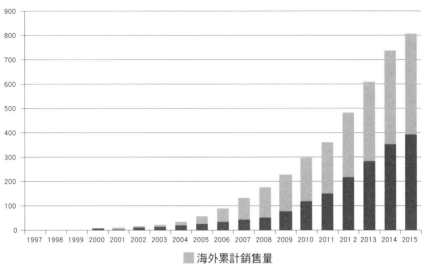

※包含插電式混合動力車。　*2015年僅包含一月至七月的資料
出處：作者整理TOYOTA網站新聞（http://newsroom.toyota.co.jp/en/detail/9152370）製表

　　Prius一開始僅是使用了特殊環保技術的汽車，在多次改款下，開始尋找社會共生的途徑，並逐漸普及於社會各處（參考照片14-2）。其他競爭對手也看好未來替代能源汽車市場的成長，除了混合動力車之外，也投入插電式混合動力車（PHV）、電動車（EV）的開發。Prius開創了下個世代的汽車市場，社會與汽車業界也掀起了新的潮流。

第14章

3. 社會共生的行銷

◇企業的公共性

面對二十一世紀的社會課題，TOYOTA給出了Prius這個答案。而社會也接受了Prius這個答案，使其能在社會普及。不過，一個企業要在本業中處理社會課體，本來就沒那麼容易。接下來讓我們就這點來思考並理解企業公共性吧（石井淳藏「企業贊助的新觀點」《行銷領域》No.43，1991年）。

近年來，企業參與社會課題的解決已被視為理所當然的事。原因在於企業的公共性。企業也是生存於這個社會的一個公民，所以社會課題的參與不只重要，也是當然的義務。社會課題的參與可連結到社會責任的承擔。這就是目前社會的思考方式。

不過，這裡會產生兩個問題。第一個問題是，這種思考方式最近才出現，與傳統思考方式有很大的不同。在傳統的思考方式中，企業之所以會承擔社會責任，是為了「追求利益」。具體來說，企業的責任包括①將獲利發放給出資者，也就是股東；以及②提供能滿足顧客的商品。

依照這樣的傳統觀念，除了本業之外，企業不應再進行其他一切無意義的活動。如果有餘裕捐贈金錢或舉辦公益活動的話，不如把這些錢分給股東，或者生產更好的商品給顧客。

第二個問題是，作為私人機構的企業，在處理社會課題時不會有立場上的衝突嗎？企業必須決定要處理什麼內容的課題，又該投資多少。在沒有獲得企業外的利益關係團體或個人之同意下，企業能否自行決定是否要參與處理社會課題？

企業參與社會課題時會有以上問題，故需慎重進行。

◇處理社會性課題的意義

即使如此，還是有很多企業選擇參與處理社會課題。這些企業是為了什麼而參與呢？以下就讓我們依照實際行動，將參與社會課題的形式分成三類來討論吧（石井淳藏「企業贊助的新觀點」《行銷領域》No.43，1991年）。

第一類是企業認為自己應該參與社會課題的處理，所以參與相關活動的自我滿足型。這樣的想法就某方面來說很值得尊敬，但可能會有人批評在社會課題的處理上，，企業並不是有參與就好。第二類是為了宣傳企業或提升企業形象而參與社會課題，屬於行銷導向型。這與企業活動直接相關，但在宣傳效果或形象提升效果消失後，企業就會停止參與社會課題處理。

在這兩類社會課題的參與形式中，參與社會課題並不被視為長期活動。這是因為，與本業無關的自我滿足型活動，違反了企業的公共性；與本業有關的行銷導向型活動，則會變成由單一企業來決定社會課題的處理方式，亦會與公共性產生矛盾。若要解決這些問題，則需倚賴第三類社會課題處理方式。

第三類是「新創型」，指的是做為先驅者著企業在瞭解社會課題的完整面貌後，將相關經驗回饋給企業內部，再做出適當行動。

TOYOTA的Prius就屬於新創型的社會課題處理方式。他們先調查二十一世紀有哪些社會課題，再將社會課題與自家公司的存亡連繫在一起，針對社會課題提出解決方案，讓汽車能與社會共生，以

第14章

持續經營事業。這就是混合動力車的實現。要是TOYOTA僅以過去的常識來開發新產品，就會持續改良燃油車，而不是開發出混合動力車或其他次世代汽車。在石油枯竭時，這些汽車也會從社會中消失。

「新創型」會在處理社會課題時，特別關注社會課題與自家公司所面臨之問題的關聯性。並重視對本業的回饋效果。若行銷的目的僅止於滿足顧客，便容易停留在「為了滿足顧客，所以要改良○○」這種既有常識的延伸上。但如果把焦點放在社會課題與自家公司問題之間的關聯性上，以其做為處理社會課題的出發點，便能「與顧客一同開創社會的新標準與未來價值」。這就是將創造顧客做為行銷目的的做法。

綜上所述，處理社會課題時，需瞭解過去不曾注意到的社會課題與自家公司面臨之問題的關聯性，並將這樣的關聯性回饋給自家企業，讓自家企業能提出相應的方案（參考專欄14-2）。

◇實現社會共生

所以說，處理社會課題的意義在於，企業認知到自己是社會一份子後，與社會中的其他人一起行動，讓這個社會變得更好。要實現這樣的行動，需具備的條件可簡單整理成三條。①與本業異質的成員加入、②異質的社會性關係、③異質的決策方式（石井淳藏「企業贊助的新觀點」《行銷領域》No.43，1991年）。

①與本業異質的成員加入，指的是讓能夠反映公共性的多種成員加入計畫。若企業要回歸到社會的一份子，用社會的一份子所擁

有的常識實現社會共生，就必須瞭解社會課題與自家公司面臨之問題的關聯。不過，一般企業參與活動時，思考與做法常受限於該企業本身的常識，難以發揮出活動本身的公共性，也不瞭解社會課題的本質。因此，企業在實現社會共生時，需要與本業異質的成員加入。讓本業有關但異質的NPO、NGO團體加入計畫是一種方法。

在TOYOTA Prius的案例中，過去不曾參與產品開發的內山田竹志成為首席工程師，用與過去完全不同的觀點，以及來自社會的觀點開發新車。將二十一世紀的社會課題納入討論，便是重新檢視既有常識的方法之一（參考前面的專欄14-1）。

②建構異質的社會性關係，指的是讓成員間建構能互相理解的關係。企業內部的成員一起工作越久，就越有默契，不需要一一確認也能夠達到共識。不過，當企業和外部團體合作時，需與背景完全不同的成員一起行動。即使某些內容在企業內部已成習慣，當與外部成員合作時，也必須一一確認是否有達成共識，所以各成員需充分檢視活動內容。

TOYOTA Prius的案例中，TOYOTA試著尋找光靠TOYOTA無法處理的環境問題，並朝著邀請整體社會一起來關心這些環境問題的方向努力。於是TOYOTA大筆投資在宣傳活動與環境論壇等交流活動上，提高社會大眾對環境問題的關心，促進人們對環境問題的討論。這讓TOYOTA獲得了很大的迴響，並善用這些迴響為Prius升級改款，以及推廣動力混合車。

③異質的決策方式，指的是以民主形式決定事務，讓公眾意見也能反映在決策上的決策方式。企業在處理公共議題時，如果是由企業單獨決策的話，便無法反映出決策的公共性。因此，企業必須

第14章

專欄14-2

從CSR（企業社會責任）到CSV（共同價值的創造）

　　企業能夠同時實現經濟價值與社會價值嗎？在過去的社會中，兩者為抵換關係，若想實現其中一方，就勢必得犧牲另一方。

　　這麼說也沒什麼錯。多數企業為了實現「企業社會責任」（CSR：Corporate Social Responsibility），參與了各種公共課題的處理，但多數都是與企業本業無關的「業外活動」。譬如贊助以參加奧運為目標的選手，捐贈慈善團體等等，都與本業的經營沒有直接關係。

　　看到這樣的情況，美國哈佛大學的麥可‧E‧波特（Michael Eugene Porter）教授指出，過去的企業社會責任工作中，企業總抱持著「提供社會利益時，必須犧牲一定程度的經濟利益」的想法。但事實並非如此，波特教授主張，經濟價值與社會價值可以同時實現。他提出了「共同價值的創造」（CSV：Creating Shared Value）的概念，認為企業能夠在創造經濟價值的同時，滿足社會的某些需要，進而創造出社會利益，且強調這會是接下來的企業成長動力之一。

　　社會的需要十分多樣，包羅萬象，像是健康、住宅整備、營養改善、老年化、金融穩定、降低環境負荷等等。若在經營本業的同時也能解決這些社會課題，便有可能創造出新的需要與新市場。

　　那麼，該怎麼做才能同時實現經濟價值與社會價值呢？如同正文中提到的，企業與社會對話時，建構共生關係是相當重要的事。行銷在這個過程中就扮演著重要角色。

建立一套機制，讓大眾的意見能反映在公共議題的決策過程中。

TOYOTA Prius的案例中，TOYOTA將推廣Prius視為貢獻社會的方式。TOYOTA不只關心顧客對產品的滿意度，也試著傳達「混合動力車的普及有助於解決社會課題」的概念，並用各種方法蒐集公眾的意見。

綜上所述，若希望企業回歸到社會的一份子，那麼讓企業成為一個對外開放的組織是相當重要的事。

第14章

4. 結語

　　企業與顧客之間是「賣家與買家的關係」，聽起來理所當然。不過，試著觀察許多企業，會發現不少例子中，企業與顧客超越了賣家與買家的關係，而是一起實現某個目標，在社會建構出了一層共存共榮的關係。TOYOTA Prius就是一個例子。

　　本章中我們確認到了企業在處理社會課題時，有一定程度的困難。不過，若能超越這樣的困難，就能與社會大眾建構出社會共生的關係。在處理社會課題、思考如何置身其中時，企業需找出社會課題與自家公司所面對之問題的關聯，並以此為出發點。接著企業需與顧客一起創造新的常識、標準，以及未來的價值，這也是行銷的目標之一。

？問題思考

1. 自TOYOTA Prius於一九九七年上市以來，已經過多次改款，究竟改了哪些地方呢？

2. 企業的公共性如何形成？會產生什麼問題？

3. 若企業想要打造社會共生的關係，可以從哪些層面下手？

進階閱讀

Michael E. Porter、Mark R. Kramer著〈波特：創造共享價值〉《哈佛商業評論》2011年1月號

Philip Kotler、David Hessekiel、Nancy Lee著《Good Works!》2012年

參考文獻

石井淳蔵「企業メセナの新しい視点」『マーケティング・ジャーナル』No. 43、1991年

内山田竹志「プリウスの開発」『自動車技術』Vol. 61, No. 1, 2007, pp. 18-22

板崎英士『革新 トヨタ自動車：世界を震撼させたプリウスの衝撃』日刊工業新聞社、1999年

Jeffrey K. Liker《The Toyota Way》McGraw-Hill, 2003年

『環境社会報告書』各年、トヨタ自動車

第**14**章

第 15 章

行銷 3.0
P&G

第1章
第2章
第3章
第4章
第5章
第6章
第7章
第8章
第9章
第10章
第11章
第12章
第13章
第14章
第15章

1. 前言

各位在購買智慧型手機或遊戲時，若看到兩個不同版本的產品，一個版本數字比較大，另一個比較小，那麼您會購買哪個產品呢？多數情況下，應該會選擇購買版本數字比較大的那個吧？因為數字越大，表示產品經過越多次改良，是越新型的產品，或者說是越新版本的產品。

本章標題是「行銷3.0」這個平常不會聽到的詞。事實上，這個3.0指的就是版本。行銷活動就像這耶產品一樣，從1.0、2.0，然後到3.0，版本持續在更新中。行銷活動的許多部份會隨著版本的更新而汰換，卻也有某些基本的部份不會隨著時代改變。若能瞭解這兩個部份分別有哪些內容，那麼未來各位設計行銷活動時，一定會有很大的助益。

本章將回顧全球最早建立行銷機制的企業之一，The Procter & Gamble Company（以下簡稱P&G）的歷史，說明行銷在版本更新的過程中改變的部份，以及不變的部份。

2. P&G的行銷歷程

◇行銷的登場

　　一般而言，我們所說的行銷大約誕生於十九世紀後半到二十世紀初期之間的美國。讓我們來確認一下那時P&G的主要產品，肥皂市場發生了什麼事。

　　南北戰爭結束後的十九世紀中期開始，美國都市生活的衛生觀念逐漸升高，也開始養成了使用肥皂的習慣。為了滿足人們對肥皂之需求的增加，P&G也致力於技術改革，以提高生產能力。到了一八八〇年代，P&G的工廠一天可以生產40萬個肥皂，是過去的兩倍。不過，若要販售如此大量的產品，不能像過去一樣完全交給批發業者。而且，這個市場已有近300家肥皂廠商加入競爭，其中有不少廠商販賣假肥皂或粗劣產品。在這種情況下，P&G先以製造品質優良的肥皂為目標。另外，P&G還在肥皂正中央劃下一道刻痕。因為當時的人們會自己將肥皂切成兩半，一半用來洗身體，一半用來洗衣服。而且P&G還將肥皂從會沉在水中改良成可以浮在水面上。當時的人們會用混濁的河水洗澡，就有不少消費者反應，如果不小心讓肥皂沉到澡盆水底，找起來會很麻煩。

【圖 15-1　產品從製造商流向消費者的基本流程】

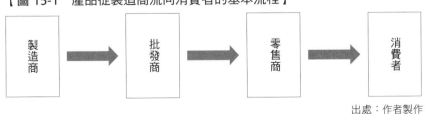

出處：作者製作

為了與其他公司的產品做出差異化，P&G在每塊肥皂上都印上獨特的商標，並仔細包裝起來販售。一八七九年時，P&G又開發出了純度更高、效果更好的肥皂，為了給客人潔白、堅硬、豪華、耐用的印象，P&G以舊約聖經中的詞將其命名為「Ivory」，意為"象牙"。P&G還在報紙、廣播上以「純度99.44%」的口號大打廣告，顯示自家產品比其他家公司的產品更為先進、更具藝術性。於是，Ivory這個品牌的形象就這樣刻在消費者心中。Ivory的銷售途徑也和一般商品不同（參考圖15-1），P&G不透過批發業者，而是直接與零售業者交易，僱用許多銷售員，建立直接銷售機制。

◇行銷的進化

綜上所述，P&G從很早開始就相當關注消費者想要什麼樣的產品，以及實際上如何使用這些產品，也就是消費者的需要及行為，是一個注重消費者需求，走在時代尖端的企業。P&G也在一九二四年設置市場調查部門，透過銷售資料掌握消費者需求，並活用這些資料來改良產品。另外，P&G也拓展了自家的產品線，除了肥皂之外也跨足其他日用品與食品，並於一九三一年時導入品牌管理制度，綜合管理各種產品從製造到販賣的過程。

在這些先進的販售機制下，P&G推出了許多新穎的行銷活動，譬如我們在第一章中提到的洗衣精Tide的「冷水挑戰」活動。P&G也透過「Febreze」產品，讓日本國民逐漸瞭解並習慣過去不怎麼熟悉的衣用除臭噴劑產品。在與香味有關的芳香劑市場中，P&G則用以下行銷方式，成功讓自家產品與其他公司的產品做出鮮明的差異。

　　室內有異味的原因在於室內的衣物、窗簾、地毯、沙發等布料上的汗液，以及食物、寵物的味道。所以P&G在廣告中宣傳，使用衣用除臭噴劑Febreze，就可以有效消室內臭味。這讓過去認為應該要用其他香味來掩蓋室內臭味的消費者們，瞭解到了新的解決方案。

　　除了製作、販賣產品之外，P&G的行銷還有一個更重要的目標，那就是創造出連消費者自己都沒有發現的價值，並設法讓消費者理解這樣的價值。為了用這種方式創造出新價值，P&G在二〇〇〇年代建立了「連結與開發」（connect and develop）機制。在這套機制中，公司開發新產品時，關注的不只是技術與製造方式，還包括了產品的idea、市場調查與行銷手法、商業模型、商標等各種層面的事物。與P&G合作創造出新價值的對象包括個人到大企業，有時還包括了競爭對手。P&G就是靠這種方式，在現實中陸續開發出許多新穎的產品，像是可以印上文字的洋芋片。

3. 行銷的基本結構

◇行銷的必要性

那麼，為什麼P&G會在100年前就開始展開行銷活動呢？在某些層面上，這或許可以說是時勢所趨。在十九世紀後半的美國，隨著人口的增加、鐵路與通訊網路的擴大，市場也從小範圍區域擴大到全國規模。在這個逐漸巨大化的市場中，P&G等消費財廠商也不斷進行著產業革命與技術革新，投資大規模的設備以提升生產能力。不過，在大量生產下，產品價格可能會大幅降低，各廠商間的競爭也會越來越激烈，單純的薄利多銷恐怕難以在市場上生存。

另外，如圖15-1所示，製造商通常不會把產品直接賣給消費者，而是透過批發商及零售商，再賣給消費者。而且批發、零售等通路業者不會只採購特定廠商的產品，也會採購其他廠商的產品，無法保證通路商優先採購自家廠商的產品。

另一方面，製造商需要建設工廠、投資機械設備，並雇用大量員工，這些都需要花上大筆金錢。對製造商而言，這些錢能越快回收越好。看到工廠能製造出大量產品時，或許會感到興奮，但製造商必須吸引足夠多的顧客，才能回收投資的金錢，所以「如何賣出商品」便成為重要的問題。

光是加強既有的銷售、業務、宣傳機制，仍不足以解決這個問題，廠商必須摸索出一套綜合性行動，藉此賣出更多產品。於是，像是P&G這種思想較新穎的企業，便提出了「行銷」這個新概念。

◇行銷的基本結構

　　當然，隨著時空背景與企業所處的立場之不同，「如何賣出商品」的答案也有所差異。就向各位在本書各章中接看的案例一樣。不過，在不同的時代與環境中，「設計行銷＝創造顧客」這個框架並不會有太大的改變。這裡我們稱其為行銷的基本構圖。

　　請看圖15-2。行銷的目標是讓圖中央的兩個箭頭成立，也就是要賣出產品、獲得金錢，讓買賣交易成立。但光是這個部分仍不足以稱做行銷。如同我們在P&G案例中提到的，製造商需提供能夠滿足消費者的產品，或者創造出新的顧客。但在大多數情況下，製造商需與其他廠商進行激烈的競爭。競爭對手也會為了獲得市場與消費者的青睞而拼命努力。因此，這場競爭的勝負，就在於哪一邊能夠順利蒐集到瞬息萬變的市場訊息，以及哪一邊能夠向消費者提供自家公司產品相關資訊與用途。

【圖 15-2　行銷的基本構圖】

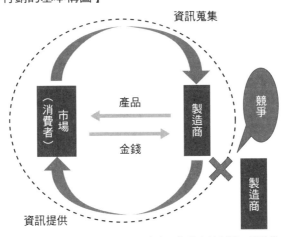

出處：修改自菲利浦‧科特勒（2008），p.13

　　P&G看到消費者使用肥皂的方式後，為配合他們的需求而在肥皂加上刻痕、成立市場調查部門，並透過宣傳，讓消費者瞭解室內臭味的源頭是布料。

　　在這種以資訊活動為核心，應對市場變化的過程中，廠商不應單方面地配合市場，也不應單方面地將新資訊灌輸到市場上。在應對市場需要時，廠商需建構一套能創造出需要，並能透過買賣等市場活動與顧客交流，創造出新顧客的機制。這樣想必您應該也能明白為什麼我們會說行銷活動是對市場的「創造性應對」。

　　就像我們前面提到的一樣，製造商與市場交流時，通常會有想法不盡相同的通路業者介於其中。製造商與通路業者的交流除了有彼此合作的一面之外，有時候也會彼此對立。如果製造商與通路業者之間的交易或合作關係不順利的話，產品很有可能無法到達消費者的手上。因此，如何與通路業者交易也是行銷上一個很重要的問題。近年來，像是P&G的連結與開發（connect and develop）這種與通路業者以外的個人及其他企業合作的活動，在價值創造的過程中也成了必要的行動。

　　由以上內容，我們可將行銷活動主要分成四個部份。第一，面對消費者時，需以消費者的需要為核心。第二，面對競爭對手時，需思考如何勝過對方。第三，面對通路業者或其他企業外部的對象時，需思考如何建構良好關係、彼此合作。以上三個部份在實際運作時不能墨守成規，而是要隨著時空背景的變化跟著改變。這就是第四個部份，要依照情況靈活變通。

4. 行銷的發展

　　綜上所述，對於消費財製造商來說，行銷指的原本是販賣某個產品的綜合機制。接著在現實中各種企業的嘗試錯誤後，行銷涉及範圍與思考方式也有了很大的改變。這些改變就是行銷的發展，大致上可整理成兩個方向。

◇行銷領域的擴大

　　第一個方向是擴大行銷涉及領域，也就是擴大行銷對象。一九七〇年代以後，日本企業多朝著多角化經營的方向擴展事業。譬如電器製造商就會同時製造電視、冰箱、洗衣機、音響、電腦等。這樣的企業要如何建構他的事業群以應對整個市場，而非讓各個產品單打獨鬥呢？如何將人員、資產、金錢、資訊等經營資源用最適當的比例分配給企業底下的各個事業，便成了相當重要的課題。這時就輪到了「策略性行銷」登場了。

　　另外，在這之前不久的一九六〇、七〇年代中，公害問題、產品的安全漸受重視，相關的消費者運動陸續出現。在這樣的背景下，企業不再只關注銷售量，也開始重視社會責任。此外，企業也開始參考學校、醫院、地方政府等非營利組織的做法，舉辦以解決社會問題為目標的活動（譬如禁菸活動）以達到行銷目的。這種不只看營利，而是把關注範圍擴大到整個社會的行銷方式，稱做「社會行銷」。社會行銷曾一度沒落，近年則因為地球暖化等環境問題的出現而再次掀起熱潮，許多企業開始強調自己遵循法律規範，希望能藉此引起消費者注意。人們正在摸索「社會責任行銷」這種新

型態的行銷方式。譬如P&G的「冷水挑戰」活動就是以對自然環境友善的洗衣劑為行銷賣點。

其他像是以零件或原料為對象的「生產財行銷」，或者是以飯店、餐飲服務為對象的「服務行銷」也陸續登場。另外還有考慮到全球事業推廣問題的「全球化行銷」、搭上資通訊技術進展而在SNS上進行的「數位行銷」等等，隨著時代的變化，許多新型態的行銷方式也陸續出現。

◇行銷3.0

另一個方向則是改變行銷活動的概念。菲利浦・科特勒（以下稱科特勒）依照時間的先後順序，將行銷活動的演變分成1.0、2.0、3.0。這三種行銷概念的定義如專欄15-1所示。

表15-1是將這些定義中，與本章提到的問題有關的部份。「行銷1.0」是以消費者對產品的需要為重點的行銷方式，概念的核心是產品。使用行銷4P進行產品的開發、行銷，再販售給消費者，是一九五〇年代確立的行銷方式。

在這之後，七〇年代的石油危機、景氣停滯、許多同質商品的競爭等環境變化，使行銷的概念必須隨之改變。那就是將行銷的核心從產品轉移到消費者身上，也就是「行銷2.0」。行銷2.0可分成市場區隔（S）、目標市場選擇（T）、市場定位（P），寫成STP。簡單來說，就是將消費者分成許多客層，強調自家產品與其他公司產品的差異，提高顧客的滿足程度，藉此獲得顧客的方法。而如何與獲得的顧客保持關係，也是行銷2.0的重點。其中的關鍵就

【表 15-1　行銷 1.0、2.0、3.0 的比較】

	行銷 1.0	行銷 2.0	行銷 3.0
	產品導向 的行銷	消費者導向 的行銷	價值導向 的行銷
目的	銷售產品	滿足消費者、與 消費者保持關係	將世界改變成 更好的樣子
誕生背景	產業革命	資訊技術	社群交流網站 技術
主要行銷方式、 概念	產品開發	差異化	價值
與消費者的交流	一對多的交易	一對一的關係	多對多的合作

出處：菲利浦·科特勒等人（2010），節錄自第19頁的表

在於「品牌」。想必各位心目中應該也有幾種特別喜歡、長年購買的產品吧。

　　由各個定義中所提到的「由誰」、「對誰」、「做了什麼」、「怎麼做」，便能看出這些行銷定義的差異了對吧。詳情請各位自行蒐集資料整理（→問題思考1）。原本行銷僅被視為與銷售有關的商業活動，後來轉變成了個人、組織間的價值交換活動。接著，企業越來越重視顧客的關係管理，以及社會整體的意識。由此可以感覺得到，行銷的內容正在擴張、發展。

第 **15** 章

專欄15-1

行銷定義的變遷

正文中提到的行銷定義變遷，並不是科特勒等人的一己之見。這是由行銷研究者與行銷實務人員構成的團體「美國行銷協會（通稱AMA）」所定義的內容。

〔1〕一九四八年／一九六〇年（制定年／再確認年）

「所謂的行銷，指的是生產者在提供產品或服務時，對消費者或使用者展開的商業活動。」

〔2〕一九八五年

「所謂的行銷，指的是個人或組織為了達成目標而提出想法、規劃產品、形成服務概念、定價、推廣、於通路上展開的過程。」

〔3〕二〇〇四年

「所謂的行銷，指的是組織針對顧客的價值創造、價值傳達、價值提供、為獲得利益而經營關係的一連串過程」

〔4〕二〇〇七年／二〇一三年

「所謂的行銷，指的是以顧客、委託方、合作夥伴、社會整體為對象，創造、傳達、流通、交換有價值事物的活動、機制（制度）與過程。」（以上由作者翻譯）

　　到了八〇年代、九〇年代左右，行銷的概念變成了「與顧客建立關係，並努力維持這種關係」的「關係性行銷」。而在關係的經營上，也開始出現「企業與顧客一起開發產品」的案例。

　　這種關係建構的行銷概念，未來勢必會持續下去。不過進入二〇〇〇年代以後，隨著社群交流網站技術——部落格、Twitter、Facebook、Line等SNS或社群媒體的發展，消費者與企業之間的關係也產生了各式各樣的變化。過去企業與消費者建構關係時，雖說是交流，但消費者多為單方面接受產品的一側，或者說消費者處於一對一、上對下之關係中的被動立場。

　　不過，隨著社群媒體的發展，企業開始與消費者共同開發產品後，兩者的立場漸趨平等，彼此的交流也更為頻繁、更為深入。另外，消費者之間也發展出了橫向關係，與企業形成多對多關係，進入了消費者參與、與企業彼此合作的年代。舉例來說，當您在SNS上介紹你購買的某項商品後，可能會有某個在現實世界中從來不曾與你見過面的人也跟著去購買這個產品。

　　P&G「連結與開發」的新創機制並非僅以消費者為目標，而是透過企業與外部的連結，以創造價值為目標，尋求與他人的合作、共創。

　　科特勒等人將現代這種行銷方式稱作「行銷3.0」，並認為未來企業追求的價值已不只是產品的功能或品牌，而是消費者的感動與共鳴。

第15章

5. 結語

　　以上，我們回顧了行銷的過去與現在，瞭解到行銷概念在歷史上有不變的部份（基本架構）與改變的部分。本章內容可整理如下。

　　第一，所謂的行銷，是在嚴峻的市場競爭下，消費財製造商碰到「銷售問題」時使用的解決方法。特別是當製造商已投入大筆資金在購買昂貴設備後，需面對資金回收問題。這時候以顧客創造為目的的行銷活動，就成了經營管理中相當重要的一環。

　　第二，為了解決這種問題的行銷活動，其目標應放在滿足消費者的需要、創造出消費者的需要這種企業（製造商）與市場的交流，其核心在於「與顧客建構關係，並持續經營、保持這樣的關係」。為此，企業必須做好應對消費者、應對競爭對手、應對合作對象，以及應對各種環境變化的準備。

　　第三，「交流」的方式也可能會出現變化，所以在嘗試創造價值時，企業與消費者及其他企業的合作或共創等橫向連結也相當重要。

專欄15-2

行銷與相關學問領域

討論行銷的學問領域通盛稱做「行銷理論」。其特徵在於把焦點放在市場、競爭、交易等企業外部因素，和同屬於管理學領域，焦點放在企業內部因素的營運管理有很大的不同。企業在處理外部因素時，因為需要與其他人交流，所以自己的想法通常沒那麼容易實現。然而，思考在這種狀況下該怎麼做，正是行銷理論的醍醐味。

有些學問與行銷理論有關，甚至可以說應該要一起學習才能深刻理解。以下就來介紹幾個代表性的學問領域。

思考行銷問題時，最重要的首先是掌握消費者的動向與需要。「消費者行動理論」這門學問就是在分析消費者購買產品之前的心理變化、消費者是因為什麼理由而感到滿足，以及相關機制。這門學問會使用到心理學與社會學的結果，還會直接以消費者為對象進行調查或實驗，找出問題的答案。

「行銷研究理論」也和這有關。這是以消費者的需要為核心，研究如何從市場蒐集需要的資訊。行銷研究理論的焦點在於具體的調查方法，所以常做為實務上的參考。

另外，如同正文中提到的，消費財製造商的產品會透過批發商與零售商等通路商的仲介，銷售給消費者。而研究通路商的行動原理與通路結構的「通路系統理論」自然也和行銷有著密切的關係。在學習行銷理論時，最好也能一併學習以上提到的科目。

第 15 章

❓ 問題思考

1. 請瀏覽自家肥皂的廠牌網站，或者瀏覽其他肥皂廠商的網站。試比較三家公司的固狀肥皂的包裝與特徵。

2. 試從專欄15-1中各種行銷定義中的①「由誰」、②「對誰」、③「做了什麼」、④「怎麼做」，說明行銷的變化。

3. 除了本書有提到的企業之外，還有哪些製造商與消費者之間不只是賣家與買家之間的關係，而是會使用社群媒體與消費者合作開發產品？

進階閱讀

石井淳蔵・栗木契・嶋口充輝・余田拓郎『ゼミナール　マーケティング入門　第2版』 日本経済新聞社、2013年

栗木契・清水信年・余田拓郎　編著　『売れる仕掛けはこうしてつくる　成功企業のマーケティング』 日本経済新聞社、2006年

Laura Mazur、Louella Miles著《Conversations with Marketing Masters》Wiley, 2007年

參考文獻

石井淳蔵・廣田章光　編著『1からのマーケティング　第3版』碩学舎、2009年

近藤文男『成立期マーケティングの研究』中央経済社、1988年

Philip Kotler、Kevin Lane Keller著，徐世同、楊景傅譯《行銷管理》，華泰文化，2016年

Philip Kotler、Hermawan Kartajaya、Iwan Setiawan著，顏和正譯《行銷3.0：與消費者心靈共鳴》，天下雜誌，2011年

P&G米国本社Webサイト

第15章

作者介紹（依章節順序排列）

石井淳蔵（Ishii Junzou）...第1章
神戶大學名譽教授 流通科學大學名譽教授

島永嵩子（Shimanaga Takako）...第2章
神戶學院大學 經營學部 副教授

吉田滿梨（Yoshida Mari）..第3章
立命館大學 經營學部 副教授

瀧本優枝（Takimoto Masae）..第4章
近畿大學 經營學部 副教授

大驛潤（Oocki Jun）..第5章
東京理科大學 經營學部 教授

岸谷和廣（Kishiya Kazuhiro）...第6章
關西大學 商學部 教授

山本奈央（Yamamoto Nao）...第7章
名古屋市立大學大學院 經濟學研究科 副教授

水越康介（Mizukoshi Kousuke）.......................................第8章
首都大學東京 社會科學研究科 副教授

廣田章光（Hirota Akimitsu）..第9章
近畿大學 經營學部 教授

日高優一郎（Hidaka Yuuichirou）....................................第10章
岡山大學大學院 社會文化科學研究科 副教授

後藤梢惠（Gotou Kozue）..第11章
流通科學大學 商學部 副教授

細井謙一（Hosoi Kenichi）...第12章
廣島經濟大學 經營學部 教授

坂田隆文（Sakata Takafumi）...第13章
中京大學 綜合政策學部 教授

明神實枝（Myoujin Mie）..第14章
中村學園大學 流通科學部 副教授

三好宏（Miyoshi Hiroshi）...第15章
岡山商科大學 經營學部 教授

新商業周刊叢書　BW0773

從零開始讀懂行銷設計

原 文 書 名／1からのマーケティング・デザイン
作　　　者／石井淳蔵、廣田章光、坂田隆文
譯　　　者／陳朕疆
責 任 編 輯／劉芸
版　　　權／黃淑敏、翁靜如、吳亭儀、邱珮芸
行 銷 業 務／周佑潔、林秀津、黃崇華、劉治良

總 編 輯／陳美靜
總 經 理／彭之琬
事業群總經理／黃淑貞
發 行 人／何飛鵬
法 律 顧 問／台英國際商務法律事務所 羅明通律師
出　　　版／商周出版　台北市中山區民生東路二段141號9樓
　　　　　　電話：(02)2500-7008　傳真：(02)2500-7759
　　　　　　E-mail: bwp.service@cite.com.tw
發　　　行／英屬蓋曼群島商家庭傳媒股份有限公司 城邦分公司
　　　　　　台北市104民生東路二段141號2樓
　　　　　　讀者服務專線：0800-020-299 24小時傳真服務：(02) 2517-0999
　　　　　　讀者服務信箱E-mail: cs@cite.com.tw
　　　　　　劃撥帳號：19833503 戶名：英屬蓋曼群島商家庭傳媒股份有限公司城邦分公司
訂 購 服 務／書虫股份有限公司客服專線：(02) 2500-7718；2500-7719
　　　　　　服務時間：週一至週五上午09:30-12:00；下午13:30-17:00
　　　　　　24小時傳真專線：(02) 2500-1990；2500-1991
　　　　　　劃撥帳號：19863813 戶名：書虫股份有限公司
　　　　　　E-mail: service@readingclub.com.tw
香港發行所／城邦(香港)出版集團有限公司
　　　　　　香港灣仔駱克道193號東超商業中心1樓
　　　　　　電話：(825)2508-6231　傳真：(852)2578-9337
　　　　　　E-mail: hkcite@biznetvigator.com
馬新發行所／城邦(馬新)出版集團
　　　　　　Cite (M) Sdn Bhd
　　　　　　41, Jalan Radin Anum, Bandar Baru Sri Petaling, 57000 Kuala Lumpur, Malaysia.
　　　　　　電話：(603) 9057-8822 傳真：(603) 9057-6622 E-mail: cite@cite.com.my

封面設計／黃宏穎　　內頁設計排版／劉依婷
印　　刷／鴻霖印刷傳媒股份有限公司
經 銷 商／聯合發行股份有限公司　電話：(02)2917-8022　傳真：(02) 2911-0053
　　　　　地址：新北市231新店區寶橋路235巷6弄6號2樓

1 KARA NO MARKETING DESIGN
© JUNZO ISHII / AKIMITSU HIROTA / TAKAFUMI SAKATA　2016
Originally published in Japan in 2016 by SEKIGAKUSHA INC.
Chinese translation rights arranged through TOHAN CORPORATION, TOKYO.

2021年06月10日初版1刷

國家圖書館出版品預行編目(CIP)資料

從零開始讀懂行銷設計：一本創造新顧客、新體
驗、新商業模式的實戰操作書/石井淳蔵，廣田章光，
坂田隆文著；陳朕疆譯. -- 初版. -- 臺北市：商周出版
：英屬蓋曼群島商家庭傳媒股份有限公司城邦分公
司，城邦發行，2021.06
　　面；　公分. -- (新商業叢書；BW0773)
譯自：1からのマーケティング デザイン
ISBN 978-986-0734-51-5(平裝)

1.行銷策略 2.行銷心理學 3.個案研究

496　　　　　　　　　　　　　　　10007449

城邦讀書花園
www.cite.com.tw

廣　告　回　函
北區郵政管理登記證
台北廣字第000791號
郵資已付，免貼郵票

104台北市民生東路二段141號2樓

英屬蓋曼群島商家庭傳媒股份有限公司
城邦分公司　收

請沿虛線對摺，謝謝！

書號：BW0773	書名：從零開始讀懂行銷設計	編碼：

讀者回函卡

感謝您購買我們出版的書籍！請費心填寫此回函卡，我們將不定期寄上城邦集團最新的出版訊息。

不定期好禮相贈
立即加入：商周
Facebook 粉絲團

姓名：＿＿＿＿＿＿＿＿＿＿＿＿＿＿＿＿＿＿ 性別：□男　□女

生日：西元＿＿＿＿＿＿＿年＿＿＿＿＿＿月＿＿＿＿＿＿日

地址：＿＿＿＿＿＿＿＿＿＿＿＿＿＿＿＿＿＿＿＿＿＿＿＿＿＿

聯絡電話：＿＿＿＿＿＿＿＿＿　傳真：＿＿＿＿＿＿＿＿＿

E-mail：

學歷：□ 1. 小學 □ 2. 國中 □ 3. 高中 □ 4. 大學 □ 5. 研究所以上

職業：□ 1. 學生 □ 2. 軍公教 □ 3. 服務 □ 4. 金融 □ 5. 製造 □ 6. 資訊

　　　□ 7. 傳播 □ 8. 自由業 □ 9. 農漁牧 □ 10. 家管 □ 11. 退休

　　　□ 12. 其他＿＿＿＿＿＿＿＿＿＿＿＿＿＿＿＿＿＿＿＿＿

您從何種方式得知本書消息？

　　　□ 1. 書店 □ 2. 網路 □ 3. 報紙 □ 4. 雜誌 □ 5. 廣播 □ 6. 電視

　　　□ 7. 親友推薦 □ 8. 其他＿＿＿＿＿＿＿＿＿＿＿＿＿

您通常以何種方式購書？

　　　□ 1. 書店 □ 2. 網路 □ 3. 傳真訂購 □ 4. 郵局劃撥 □ 5. 其他＿＿＿

您喜歡閱讀那些類別的書籍？

　　　□ 1. 財經商業 □ 2. 自然科學 □ 3. 歷史 □ 4. 法律 □ 5. 文學

　　　□ 6. 休閒旅遊 □ 7. 小說 □ 8. 人物傳記 □ 9. 生活、勵志 □ 10. 其他

對我們的建議：＿＿＿＿＿＿＿＿＿＿＿＿＿＿＿＿＿＿＿＿＿＿

＿＿＿＿＿＿＿＿＿＿＿＿＿＿＿＿＿＿＿＿＿＿＿＿＿＿＿＿＿＿

＿＿＿＿＿＿＿＿＿＿＿＿＿＿＿＿＿＿＿＿＿＿＿＿＿＿＿＿＿＿